抹灰工快速上岗一点通

《抹灰工快速上岗一点通》 编委会 编

机械工业出版社

本书是一本介绍抹灰工实用技术的读物。书中详尽地介绍了建筑识图基本知识、抹灰工程施工技术基础、一般抹灰工程施工技术、装饰抹灰工程施工技术、特种砂浆抹灰工程施工技术，抹灰工程施工安全技术措施等内容，对施工工艺、操作规程等做了详细的阐述。既有较系统的理论知识，又有较全面的操作方法。本书图文并茂，通俗易懂，是建筑行业抹灰工必备的工具书。

本书具有很强的可操作性，可作为抹灰工现场施工技术指导，也可作为抹灰工上岗培训以及各种短训班的专业教材，同时也适合具有初中以上文化程度的建筑工人自学。

图书在版编目（CIP）数据

抹灰工快速上岗一点通/《抹灰工快速上岗一点通》编委会编. —北京：机械工业出版社，2016.11
ISBN 978-7-111-55367-0

Ⅰ. ①抹… Ⅱ. ①抹… Ⅲ. ①抹灰-技术培训-教材 Ⅳ. ①TU754.2

中国版本图书馆 CIP 数据核字（2016）第 274877 号

机械工业出版社（北京市百万庄大街 22 号　邮政编码 100037）
策划编辑：关正美　责任编辑：关正美　于伟蓉　责任校对：刘怡丹
封面设计：张　静　责任印制：李　飞
北京云浩印刷有限责任公司印刷
2017 年 1 月第 1 版第 1 次印刷
184mm×260mm · 8.25 印张 · 195 千字
标准书号：ISBN 978-7-111-55367-0
定价：29.00 元

凡购本书，如有缺页、倒页、脱页，由本社发行部调换

电话服务　　　　　　　　　　网络服务
服务咨询热线：010-88361066　　机工官网：www.cmpbook.com
读者购书热线：010-68326294　　机工官博：weibo.com/cmp1952
　　　　　　　010-88379203　　金 书 网：www.golden-book.com
封面无防伪标均为盗版　　　教育服务网：www.cmpedu.com

本书编委会成员名单

主 任　陈远吉

编 委　李　娜　宁　平　梁康梅　高　翔　薛　晴

　　　　韩玉凤　张青慧　李　鑫　温浩玉　李娴成

　　　　张艳蒙　陈旭辉　闫丽华

前　　言

建筑业是吸纳农村劳动力转移就业的主要行业，是进城务工人员的用工主体，也是示范工程的实施主体。按照中央和国务院的部署，要加大进城务工人员的培训力度，通过开展示范工程，让企业和进城务工人员成为直接的受益者。本书结合住房与城乡建设部、劳动和社会保障部发布的《国家职业技能标准》编写，以全面提高进城务工人员的整体素质。

本书在编写上充分考虑抹灰工的知识需求，以使读者从理论和技能两方面掌握关键点，满足施工现场所应具备的技术及操作岗位的基本要求，使刚入行的人员与上岗"零距离"接口，快速入门，尽快地转变成为一名技术高手。

本书共6章，书中详尽地介绍了建筑识图基本知识、抹灰工程施工技术基础、一般抹灰工程施工技术、装饰抹灰工程施工技术、特种砂浆抹灰工程施工技术、抹灰工程施工安全技术措施等内容，对施工工艺、操作规程等做了详细的阐述。既有较系统的理论知识，又有较全面的操作方法，是一本真正意义上快速入门、上岗的书。

与市面上已出版的同类书籍相比，本书具有如下特点：

1. 本书在内容上，将理论与实践结合起来，力争做到理论精炼、实践突出以满足广大抹灰工的实际需求，帮助他们更快、更好地领会抹灰工需要掌握的相关技术要点，并在实际的施工过程中更好地发挥抹灰工的主观能动性，在原有水平的基础上，不断提高技术水平，更好地完成各项施工任务。

2. 本书所涵盖的内容全面且清晰，真正做到了内容的广泛性与结构的系统性相结合，让复杂的内容变得条理清晰、主次明确，有助于广大读者更好地理解和应用。

3. 本书涉及施工技术、质量验收、安全生产等一系列生产过程中的技术问题，内容翔实易懂，最大限度地满足了抹灰工对施工技术方面的知识需求。

4. 本书资料翔实、图文并茂，文字表达通俗易懂，适合现场管理人员和施工技术人员随查随用。

本书具有很强的可操作性，可作为抹灰工现场施工技术指导，也可作为抹灰工上岗培训以及各种短训班的专业教材，同时也适合具有初中以上文化程度的建筑工人自学。

由于编者水平有限，书中不妥和错误之处恳请读者批评指正。

编　者

目　　录

第 1 章

建筑识图基本知识

必备知识点

必备知识点 1　建筑构造基本知识

1. 民用建筑构造

民用建筑构造是指民用建筑中构件与配件的组成、相互结合的方式与方法。

（1）民用建筑的主要组成部分：基础、墙体和柱、屋顶、楼地层、楼梯、屋面、楼地面、门窗和圈梁等。

1）基础。基础是房屋最下面的部分，它承受房屋的全部荷载，并把这些荷载传给下面的地基土层。建筑物承受的外力荷载，如图 1-1 所示。

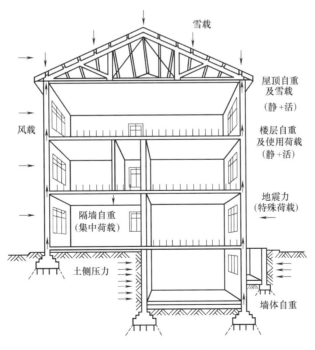

图 1-1　建筑物承受的外力荷载示意图

2）墙体和柱。墙体是建筑物的承重和围护构件。墙体具有承重要求时，它承担屋顶和楼板层传来的荷载，并传给基础。在框架承重结构中，柱是主要的竖向承重构件。

3）屋顶。屋顶是建筑顶部的承重和围护构件，一般由屋面、保温（隔热）层和承重结构三部分组成。其中承重结构承担屋面荷载和自重，而屋面和保温（隔热）层抵御自然界不利因素侵袭。

4）楼地层。楼地层是楼房建筑中的水平承重构件。楼地层包括底层地面和中间的楼板层，楼板层同时还兼有在竖向划分建筑内部空间的功能。楼板承担建筑的楼面荷载并把这些荷载传给墙或梁，同时对墙体起水平支撑的作用。

5）楼梯。楼房建筑的垂直交通设施，供人们平时上下和紧急疏散时使用。

6）屋面。屋面是指屋面板以上的保温、防水部分，包括屋面找平层、保温（隔热）层、防水层、水落管等。

7）楼地面。楼地面是指楼板或垫层上面的饰面层，按其施工方法有整体面层、板块面层、木面层等。建筑物周围的散水、台阶等也属于楼地面范畴。

8）门窗。门窗包括各种材料制作的门和窗。位于外墙的门窗称为外门或外窗，位于内墙的门窗则称为内门或内窗。门与窗连在一起的则称为连窗门。

9）圈梁。圈梁的作用是加强房屋的空间刚度及整体性，防止由于地基的非均匀沉降或较大震动荷载等引起的墙体开裂。

（2）砖混结构民用建筑和框架结构民用建筑的基本组成分别如图1-2和图1-3所示。

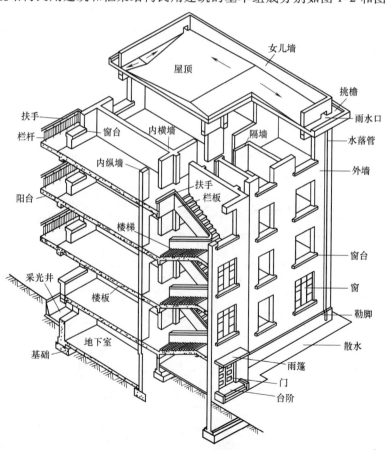

图1-2　砖混结构民用建筑的基本组成

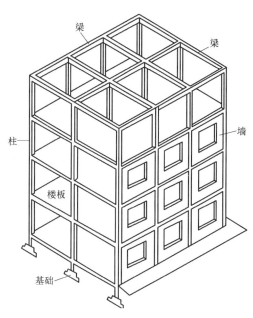

图1-3 框架结构民用建筑的基本组成

（3）民用建筑的分类见表1-1。

表1-1 民用建筑的详细分类

分类	建筑类别	建筑物举例
居住建筑	住宅建筑	住宅、公寓、老年人住宅等
	宿舍建筑	职工宿舍、职工公寓、学生宿舍、学生公寓等
公共建筑	教育建筑	托儿所、幼儿园、中小学校、高等院校、职业学校、特殊教育学校等
	办公建筑	各级党委、政府办公楼、企业、事业、团体、社区办公楼等
	科研建筑	实验楼、科研楼、设计楼等
	文化建筑	剧院、电影院、图书馆、博物馆、档案馆、文化馆、展览馆、音乐厅等
	商业建筑	百货公司、超级市场、菜市场、旅馆、餐馆、饮食店、洗浴中心、美容中心等
	服务建筑	银行、邮电、电信、会议中心、殡仪馆等
	体育建筑	体育场、体育馆、游泳馆、健身房等
	医疗建筑	综合医院、专科医院、康复中心、急救中心、疗养院等
	交通建筑	汽车客运站、港口客运站、铁路旅客站、空港航站楼、地铁站等
	纪念建筑	纪念碑、纪念馆、纪念塔、故居等
	园林建筑	动物园、植物园、海洋馆、游乐场、旅游景点建筑、城市建筑小品等
	综合建筑	多功能综合大楼、商住楼等

2. 工业建筑构造

工业建筑是指供人们从事工业生产的建、构筑物（一般是指厂房）。

（1）单层工业建筑的基本组成，如图1-4所示，其断面形式如图1-5所示。

（2）多层工业建筑的断面形式如图1-6所示。

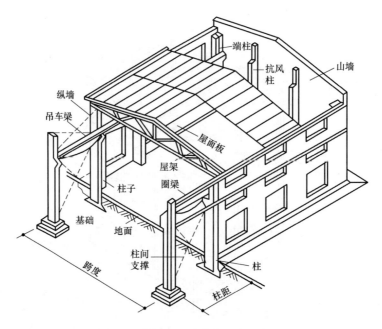

图 1-4 单层工业建筑的基本组成

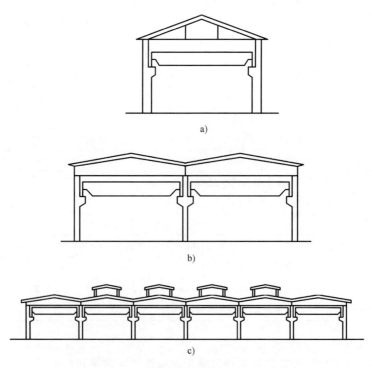

图 1-5 单层工业建筑的断面形式
a) 单跨 b) 双跨 c) 多跨

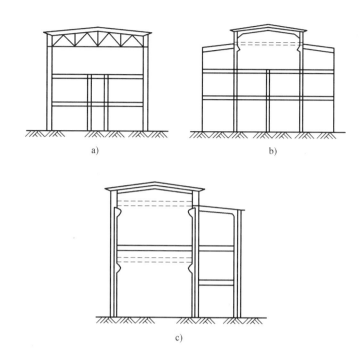

图 1-6 多层工业建筑的断面形式

（3）工业建筑可按用途、按生产性质、按生产状况、按厂房层数进行分类。

按用途分类，有：生产厂房、辅助生产厂房、动力用厂房、储存用房屋、运输用房屋、其他。

按生产性质分类，有：黑色冶金工业建筑、纺织工业建筑、机械工业建筑、化工工业建筑、建材工业建筑、动力工业建筑、轻工业建筑、其他建筑。

按生产状况分类，有：冷加工车间、热加工车间、恒温恒湿车间、洁净车间、其他特种状况的车间。

按厂房层数分类，有：单层厂房、多层厂房、混合厂房。

必备知识点2 建筑视图的基本知识

1. 投影的基本知识

概括地说，投影法就是用一束直的射线把空间形体投影到给定的平面上而产生影像的方法。投影的基本要素包括投影中心、投影线和投影面，如图1-7所示。

（1）投影可分成中心投影法和平行投影法。

1）中心投影法。如图1-8所示，将空间形体三角板 ABC 放置在点光源 S（又称投影中心）和投影面 P 之间。从点光源发出的经过三角板 ABC 上点 A 的光线（投射线）与 P 平面相交于点 a，则点 a 便是点 A 在 P 平面上的投影。用同样的方法，可在 P 面上得出点 B、C 的投影 b、c。依次连接 ab、bc、ca，即可得到三角板 ABC 在 P 面上的投影 $\triangle abc$。像这样所有的投射线都汇交于一点的投影方法称为中心投影法。

2）平行投影法。所有的投射线都相互平行的投影方法称为平行投影法。在平行投影法中，由于投射线相互平行，若平行移动形体使形体与投影面的距离发生变化，形体的投影形状和大小均不会改变，即具有度量性，这是平行投影的重要特点。根据投射线与投影面的关系，平行投影法又分为正投影法（又叫垂直投影法）和斜投影法两类，如图1-9和图1-10所示。

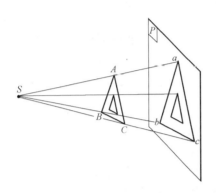

图 1-7　投影的基本要素

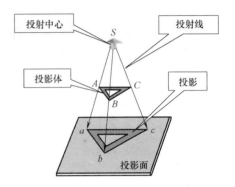

图 1-8　中心投影法

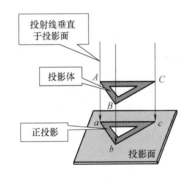

图 1-9　正投影法

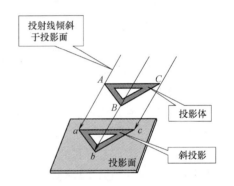

图 1-10　斜投影法

（2）三面正投影图。把一个物体放在三个相互垂直的投影面之间，用三组分别垂直于三个投影面的平行投射线投影，就能得到这个物体的三面正投影图，图1-11为砖的三面投影。一般物体用三面正投影图就能反映它的全部形状和大小。

在三个投影面中，正对着我们的叫作正立投影面，简称 V 面；下面的叫作水平投影面，简称 H 面；侧立着的叫作侧投影面，简称 W 面。

2. 建筑工程常用的图示法

建筑工程常用的图示法有透视投影、轴测投影和正投影。

（1）透视投影。透视投影也称为透视图，简称透视。图1-12为形体的透视图。透视投影是用中心投影法将形体投射到投影面上，从而获得的一种较为接近

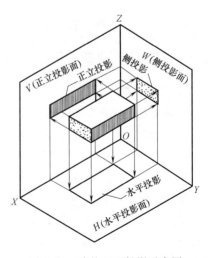

图 1-11　砖的三面投影示意图

视觉效果的单面投影图。它具消失感、距离感、相同大小的形体呈现出有规律的变化等一系列的透视特性，能逼真地反映形体的空间形象。

透视投影基本术语，如图 1-13 所示，包括基线，视点，视高，视距，视平线，站点，主点，主视线，基面和画面。

基线：指画面与基面相交之平线。

视点：相当于中心投影中的投影中心。

视高：视点到基面的距离。

视距：视点到画面的距离。

视平线：透视点的水平视平面与画面的交线。

站点：视点 S 的水平投影。

主点：视点 S 的正投影。

主视线：视点 S 与主点 S' 的连线。

基面：物体所在的地平面。

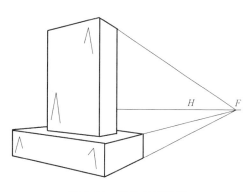

图 1-12　形体的透视图

画面：绘制透视图的面。画面有平面形状，也有曲面形状。但通常仅采用平面状画面，且一般与基面垂直。

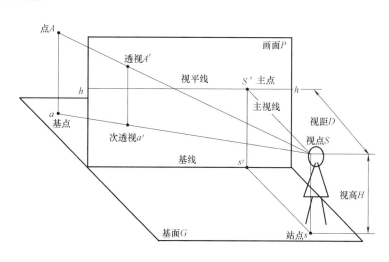

图 1-13　透视图的术语与符号

（2）轴测投影。用平行投影法将物体连同确定该物体的直角坐标系一起沿不平行于任一坐标平面的方向投射到一个投影面上，所得到的图形，称为轴测图，如图 1-14 所示。轴测投影可以分为斜轴测投影图和正轴测投影图。

1）斜轴测投影图。投射方向 S 与轴测投影面 P 倾斜，为了便于作图，通常取平行于 XOZ 的面作表面，这样所得到的投影图称为轴测投影图，如图 1-15 所示。

2）正轴测投影图。投射方向 S 与轴测投影面 P 垂直，将物体斜放，使物体上三个坐标面和 P 面都斜交，这样所得到的投影图称为正轴测投影图，如图 1-16 所示。

轴测投影的参数有轴间角和轴向变形系数。轴间角，是相邻两轴测轴之间的夹角；轴向变形系数，是沿轴测轴测量而得到的投影长度与实际长度之比。X 轴的轴向变形系数 $p = oa/OA$；Y 轴的轴向变形系数 $q = ob/OB$；Z 轴的轴向变形系数 $r = oc/OC$。

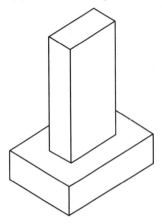

图 1-14　形体的轴测投影图

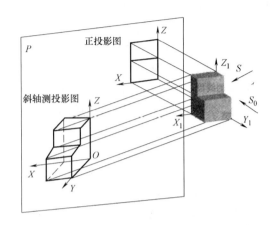

图 1-15　斜轴测投影图

（3）正投影。正投影投射线彼此平行，投射线与投影面互相垂直的画法称为正投影法，用这种方法画出的图形称为正投影。图 1-17 所示为形体的正投影图。

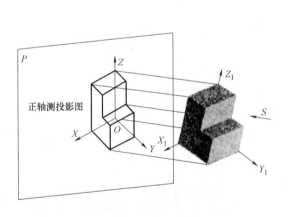

图 1-16　正轴测投影图

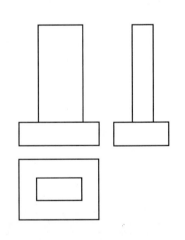

图 1-17　形体的正投影图

3. 立面图、平面图和剖面图

（1）立面图。图 1-18 为画立面图时的观察图示。一幢房子坐北朝南，我们站在正南面，把看到的房子的形状画下来（好比拍照片），得到的就是房子的南立面图，如图 1-19 所示。再分别从北、东、西三个方向观察，可依次画出北立面、东立面和西立面图，如图 1-20～图 1-22 所示。

（2）平面图。为了看清房屋内部的一些情况，设想用一个水平的平面，沿窗台上方将房屋剖开，移去上面的这部分，如图 1-23 所示，再把从剖面往下看到的形状画下来就是剖面图，但在建筑图中，习惯把这种水平方向的剖面图称为平面图，如图 1-24 所示。如果从房子的上方往下看，画下的是屋顶平面图，如图 1-25 所示。从平面图中可看到房屋内部房间的分隔、各房间的形状和大小，房屋门窗的数量、位置和大小，墙身的厚度及内部设施的位置等。

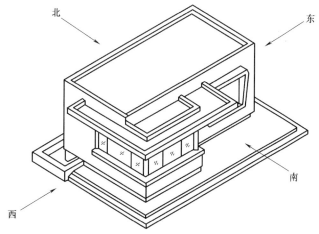

图 1-18 画立面图的观察方向

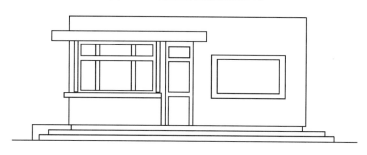

图 1-19 南立面图

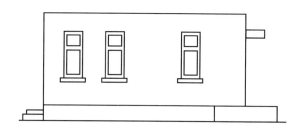

图 1-20 北立面图

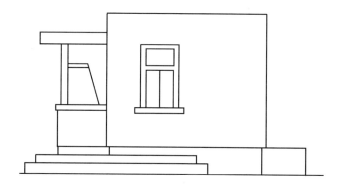

图 1-21 东立面图

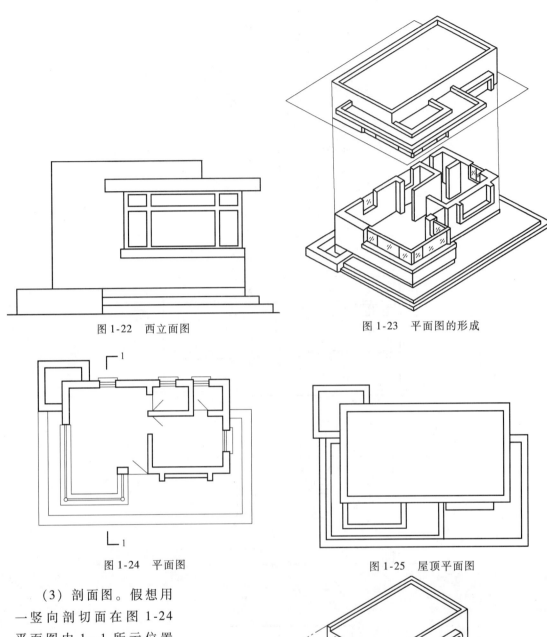

图 1-22 西立面图

图 1-23 平面图的形成

图 1-24 平面图

图 1-25 屋顶平面图

（3）剖面图。假想用一竖向剖切面在图 1-24 平面图中 1—1 所示位置将房屋切开，移去房屋的左部分，如图 1-26 所示，再从左往右观察，把看到的情况画下来就是剖面图，如图 1-27 所示。在剖面图中可看出屋顶、雨篷、门窗、台阶的高度和形状。

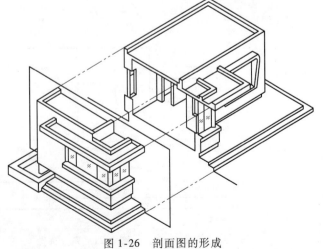

图 1-26 剖面图的形成

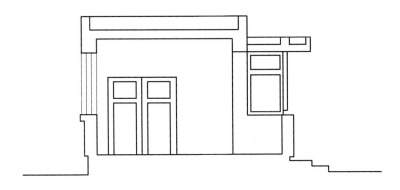

图 1-27　剖面图

必备知识点 3　施工图的识读方法

施工图是表示工程项目总体布局，建筑物、构筑物的外部形状、内部布置、结构构造、内外装修、材料做法以及设备、施工等要求的图样。施工图按种类可划分为建筑施工图、结构施工图和水电施工图。

1. 施工图的分类与建筑施工图的组成

（1）施工图的分类

1）建筑施工图。建筑施工图简称"施建"，一般由设计部门的建筑专业人员进行设计绘图。建筑施工图主要反映一个工程的总体布局，表明建筑物的外部形状、内部布置情况以及建筑构造、装修、材料、施工要求等，用来作为施工定位放线、内外装饰做法的依据，同时也是结构施工图和设备施工图的依据。建筑施工图包括设备说明和建筑总平面图、建筑平面图、立面图、剖面图等基本图，以及墙身剖面图和楼梯、门窗、台阶、散水、浴厕等详图与材料、做法说明等。

2）结构施工图。结构施工图包含结构总说明、基础布置图、承台配筋图、地梁布置图、各层柱布置图、各层柱配筋图、各层梁配筋图、屋面梁配筋图、楼梯屋面梁配筋图、各层板配筋图、屋面板配筋图、楼梯大样、节点大样。

3）水电施工图。是房屋内给水系统、排水系统和电器设备、电线走向、照明系统具体构造和位置的图纸，它是房屋水电施工的依据。水电施工图包括平面布置图、系统图、局部设施图、详图等。

（2）建筑施工图的组成

1）图纸目录及门窗表。图纸目录是了解整个建筑设计整体情况的目录，从中可以明了图纸数量及出图大小，还有建筑单位及整个建筑物的主要功能，如果图纸目录与实际图纸有出入，必须与建筑核对情况。门窗表记录门窗编号以及门窗尺寸及做法。

2）建筑设计总说明。建筑设计总说明对结构设计是非常重要的，因为建筑设计总说明中会提到很多做法及许多结构设计中要使用的数据，比如：建筑物所处位置（结构中用以确定设防烈度及风载、雪载），黄海标高（用以计算基础大小及埋深桩顶标高等）、墙体做法、地面做法、楼面做法等（用以确定各部分荷载），总之看建筑设计说明要仔细认真。

3）建筑平面。建筑平面图是建筑施工图的基本图纸。它是假想用一水平的剖切面沿门窗洞位置将房屋剖切后，对剖切面以下部分所作的水平投影图。建筑平面图作为建筑设计、施工图中的重要组成部分，反映建筑物的功能需要、平面布局及其平面的构成关系，是决定建筑立面及内部结构的关键环节。其主要反映建筑的平面形状、大小、内部布局、地面、门窗的具体位置和占地面积等情况。

4）建筑立面图。建筑立面图，是对建筑立面的描述，主要是外观上的效果。建筑立面图是在与房屋立面相平行的投影面上所作的正投影图，简称立面图。其中，反映主要出入口或比较显著地反映出房屋外貌特征的那一面立面图，称为正立面图。其余的立面图相应称为背立面图、侧立面图。通常也可按房屋朝向来命名，如南北立面图、东西立面图。

5）建筑剖面图。假想用一个或多个垂直于外墙轴线的铅垂剖切面，将房屋剖开，所得的投影图，称为建筑剖面图，简称剖面图。剖面图用以表示房屋内部的结构或构造形式、分层情况和各部位的联系、材料及其高度等，是与平、立面图相互配合的不可缺少的重要图样之一。

6）建筑节点详图。建筑节点详图是把房屋构造的局部要体现清楚的细节用较大比例绘制出来，表达出构造做法、尺寸、构配件相互关系和建筑材料等，相对于平面图、立面图、剖面图而言，是一种辅助图样。通常很多标准做法都可以采用设计通用详图集。节点详图反映节点处构件代号、连接材料、连接方法以及施工安装等方面的内容。一般中小型建筑常用节点有雨篷、坡道、散水、女儿墙、缝、檐口、楼梯、栏杆扶手、窗台和天沟等。

7）楼梯详图。楼梯是多层建筑必不可少的部分，也是非常重要的一个部分，楼梯详图一般包括平面图、剖面图及节点详图（踏步、栏杆或栏板、扶手详图等）。

2. 抹灰工常用的图例

（1）常用的建筑材料图例见表1-2。

表1-2　常用的建筑材料图例

序号	名称	图例	备注
1	自然土壤		包括各种自然土壤
2	夯实土壤		—
3	砂、灰土		靠近轮廓线点较密
4	石材		包括岩石、砌体、铺地、贴面等材料
5	普通砖		包括实心砖、多孔砖、砌块等砌体。断面较窄不易绘出图例线时，可涂红，并在图纸备注中加注说明，画出该材料图例
6	毛石		—
7	饰面砖		包括铺地砖、陶瓷马赛克、人造大理石等

(续)

序号	名称	图 例	备 注
8	混凝土		1. 本图例指能承重的混凝土及钢筋混凝土 2. 包括各种强度等级、骨料、添加剂的混凝土
9	钢筋混凝土		3. 在剖面图上画出钢筋时，不画图例线 4. 断面图形小，不易画出图例线时，可涂黑
10	木材		1. 上图为横断面，左上图为垫木、木砖或木龙骨 2. 下图为纵断面
11	金属		1. 包括各种金属 2. 图形小时，可涂黑
12	防水材料		构造层次多或比例大时，采用上图例

（2）常用的构件代号，见表1-3。

表1-3 常用构件代号

名称	代号	名称	代号	名称	代号
板	B	圈梁	QL	承台	CT
屋面板	WB	过梁	GL	设备基础	SJ
空心板	KB	连系梁	LL	桩	ZH
槽形板	CB	基础梁	JL	挡土墙	DQ
折板	ZB	楼梯梁	TL	地沟	DG
密肋板	MB	框架梁	KL	柱间支撑	ZC
楼梯板	TB	框支梁	KZL	垂直支撑	CC
盖板或沟盖板	GB	屋面框架梁	WKL	水平支撑	SC
挡雨板或檐口板	YB	檩条	LT	梯	T
吊车安全走道板	DB	屋架	WJ	雨篷	YP
墙板	QB	托架	TJ	阳台	YT
天沟板	TGB	天窗架	CJ	梁垫	LD
梁	L	框架	KJ	预埋件	M –
屋面梁	WL	刚架	GJ	天窗端垫	TD
吊车梁	DL	支架	ZJ	钢筋网	W
单轨吊车梁	DDL	柱	Z	钢筋骨架	G
轨道连接梁	DGL	框架柱	KZ	基础	J
车挡	CD	构造柱	GZ	暗柱	AZ

注：1. 预制钢筋混凝土构件、现浇钢筋混凝土构件、钢构件和木构件，一般可直接采用本表中的构件代号。在绘图中，除混凝土构件可以不注明材料代号外，其他材料的构件可在构件代号前加注材料代号，并在图纸中加以说明。

2. 预应力钢筋混凝土构件的代号，应在构件代号前加注"Y –"，如 Y – DL 表示预应力钢筋混凝土吊车梁。

（3）构造及配件常见图例见表1-4。

表1-4　构造及配件图例

序号	名　称	图　例	备　注
1	墙体	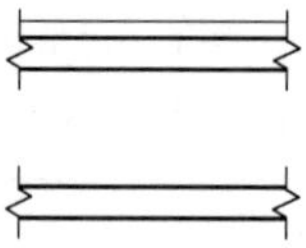	1. 上图为外墙,下图为内墙 2. 外墙细线表示有保温层或有幕墙 3. 应加注文字或涂色或图案填充表示各种材料的墙体 4. 在各层平面图中防火墙宜着重以特殊图案填充表示
2	隔断		1. 加注文字或涂色或图案填充表示各种材料的轻质隔断 2. 适用于到顶与不到顶隔断
3	栏杆		—
4	楼梯	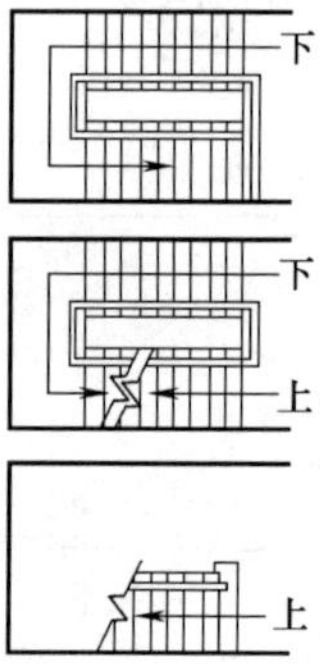	1. 上图为顶层楼梯平面,中图为中间层楼梯平面,下图为底层楼梯平面 2. 需设置靠墙扶手或中间扶手时,应在图中表示
5	单面开启单扇门(包括平开或单面弹簧)	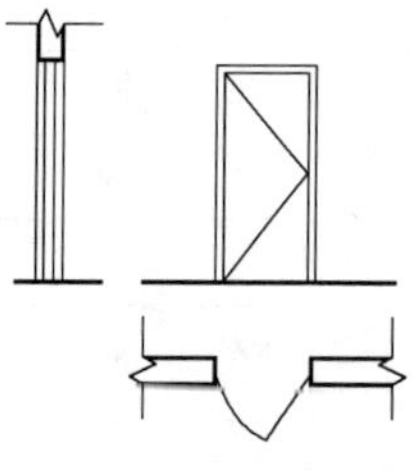	1. 门的名称代号用 M 表示 2. 平面图中,下为外,上为内 　门开启线为90°、60°或45°,开启弧线宜绘出 3. 立面图中,开启线实线为外开,虚线为内开。开启线交角的一侧为安装合页一侧。开启线在建筑立面图中可不表示,在立面大样图中可根据需要绘出 4. 剖面图中,左为外,右为内 5. 附加纱扇应以文字说明,在平、立、剖面图中均不表示 6. 立面形式应按实际情况绘制
	双面开启单扇门(包括双面平开或双面弹簧)	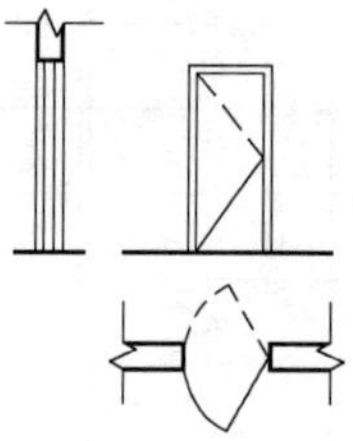	
	双层单扇平开门	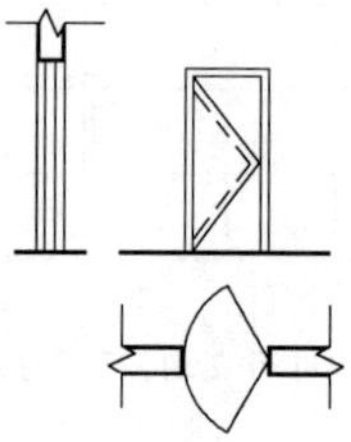	

（续）

序号	名称	图例	备注
6	单面开启双扇门（包括平开或单面弹簧）	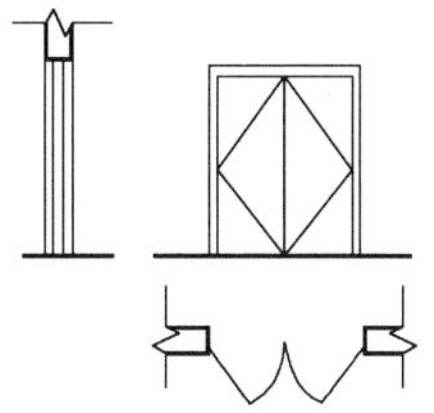	1. 门的名称代号用 M 表示 2. 平面图中，下为外，上为内 门开启线为90°、60°或45°，开启弧线宜绘出 3. 立面图中，开启线实线为外开，虚线为内开，开启线交角的一侧为安装合页一侧。开启线在建筑立面图中可不表示，在立面大样图中可根据需要绘出 4. 剖面图中，左为外，右为内 5. 附加纱扇应以文字说明，在平、立、剖面图中均不表示 6. 立面形式应按实际情况绘制
	双面开启双扇门（包括双面平开或双面弹簧）	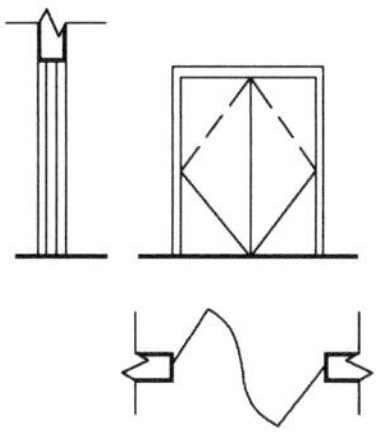	
	双层双扇平开门	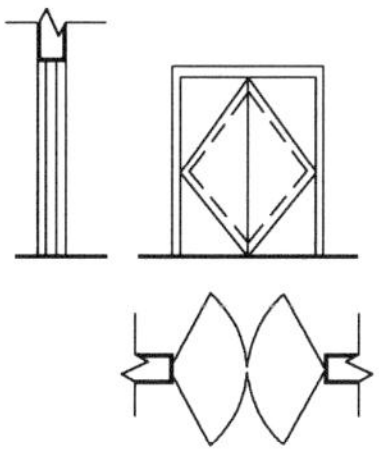	
7	单层外开平开窗	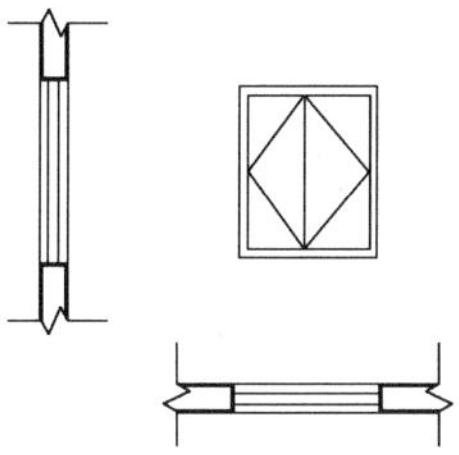	1. 窗的名称代号用 C 表示 2. 平面图中，下为外，上为内 3. 立面图中，开启线实线为外开，虚线为内开。开启线交角的一侧为安装合页一侧。开启线在建筑立面图中可不表示，在门窗立面大样图中需绘出 4. 剖面图中，左为外、右为内。虚线仅表示开启方向，项目设计不表示 5. 附加纱窗应以文字说明，在平、立、剖面图中均不表示 6. 立面形式应按实际情况绘制
	单层内开平开窗	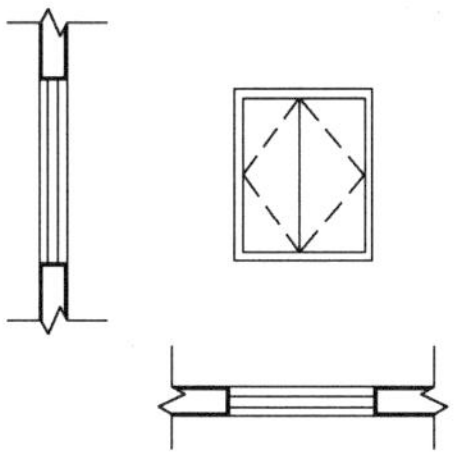	
8	百叶窗	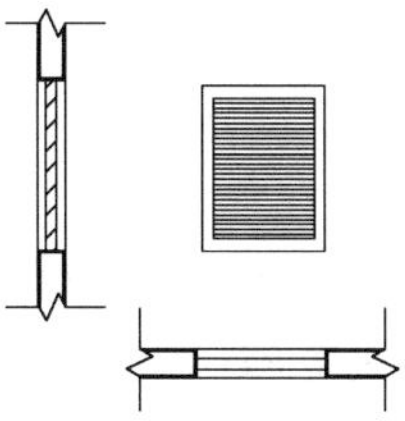	1. 窗的名称代号为 C 表示 2. 立面形式应按实际情况绘制

（续）

序号	名　称	图　例	备　注
9	检查口	⊠　⬚	左图为可见检查口，右图为不可见检查口
10	孔洞	◼　●	阴影部分亦可填充灰度或涂色代替
11	坑槽	◻　◯	—
12	墙预留洞、槽	宽×高或φ 标高 宽×高或φ×深 标高	1. 上图为预留洞，下图为预留槽 2. 平面以洞（槽）中心定位 3. 标高以洞（槽）底或中心定位 4. 宜以涂色区别墙体和预留洞（槽）

3. 建筑施工图识读

（1）总平面图的识读。将拟建工程四周一定范围内的新建、拟建、原有和拆除的建筑物、构筑物连同其周围的地形地物状况，用水平投影方法和相应的图例所画出的图样，称为总平面图。

总平面图是一个建设项目的总体布局，表示新建房屋所在基地范围内的平面布置、具体位置以及周围情况。总平面图通常画在具有等高线的地形图上。

图 1-28 是某学校拟建教师住宅楼的总平面图。图中用粗实线画出的图形表示新建住宅楼，图中实线画出的图形表示原有建筑物，各个平面图形内的小黑点数，表示房屋的层数。

除建筑物之外，道路、围墙、池塘、绿化等均用图例表示。

（2）建筑平面图的识读。建筑平面图，简称平面图，实际上是一幢房屋的水平剖面图。它是假想用一水平剖面将房屋沿门窗洞口剖开，移去上部分，剖面以下部分的水平投影图就是平面图。

一般地说，多层房屋就应画出各层平面图。沿底层口窗洞口切开后得到的平面图，称为底层平面图。沿二层门窗洞口切开后得到的平面图，称为二层平面图。依次可得到三层、四层平面图。当某些楼层平面相同时，可以只画出其中一个平面图，称其为标准层平面图（或中间层平面图）。

为了表明屋面构造，一般还要画出屋顶平面图。它不是剖面图，而是俯视屋顶时的水平投影图，主要表示屋面的形状及排水情况和突出屋面的构造位置。

（3）建筑立面图的识读。建筑立面图，简称立面图，就是对房屋的前后左右各个方向所作的正投影图。

1）建筑立面图的命名。按房屋朝向，如南立面图、北立面图、东立面图，西立面图；按轴线的编号，如图①~㉚立面图，Ⓐ~Ⓠ立面图；按房屋的外貌特征命名，如正立面图，背立面图等。对于简单的对称式房屋，立面图可只绘一半，但应画出对称轴线和对称符号。

2）建筑立面图图示的内容。立面图的比例常与平面图一致。在立面图中一般只画出两端的定位轴线及其编号，以便与平面图对照；画出室内外地面线、房屋的勒脚、外部装饰及

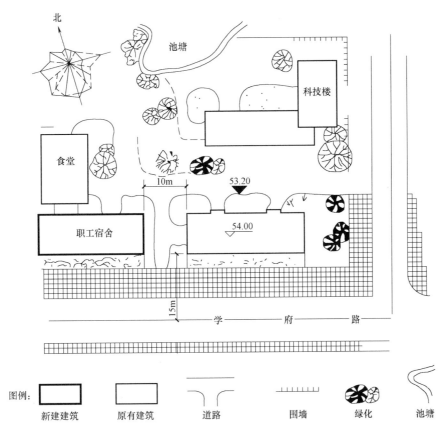

图 1-28　总平面图示意图

墙面分格线；表示出屋顶、雨篷、阳台、台阶、水落管、水斗等细部结构的形状和做法。为了使立面图外形清晰，通常房屋立面的最外轮廓线用粗实线表示；室外地面用特粗线表示；门窗洞口、檐口、阳台、雨篷、台阶等用中实线表示；其余的，如墙面分隔线、门窗格子、水落管以及引出线等均用细实线表示。在立面图上，门窗应按标准规定的图例画出；门、窗立面图中的斜细线，是开启方向符号，细实线表示向外开，细虚线表示向内开；一般无须把所有的窗都画上开启符号，凡是窗的型号相同的，只画出其中一二个即可。在立面图上，高度尺寸主要用标高表示；一般要注出室内外地坪，一层楼地面，窗台、窗顶、阳台面、檐口、女儿墙压顶面，进口平台面及雨篷底面等的标高。立面图还应标注出详图索引符号。根据设计要求外墙面可选用不同的材料及做法，在立面图上一般用文字说明。

（4）建筑剖面图的识读。剖面图的图名与底层平面图所标注的剖切位置符号的编号一致；在剖面图中，应标出被剖切的各承重墙的定位轴线及与平面图一致的轴线编号。在剖面图中，断面的表示方法与平面图相同，断面轮廓线用粗实线表示，钢筋混凝土构件的断面可涂黑表示，其他被剖切到的可见轮廓线用中实线表示。剖面图中应标注出室内外地面、各层楼面、楼梯平台、檐口、女儿墙顶面等处的标高，其他结构则应标注高度尺寸。高度尺寸分为三道，即第一道是总高尺寸，标注在最外边；第二道是层高尺寸，主要表示各层的高度；第三道是细部尺寸，表示门窗洞、阳台、勒脚等的高度。需画详图的部位，还应标注出详图索引符号。

4. 结构施工图的识读

结构施工图是表示建筑物的承重构件（如基础、承重墙、梁、板、柱等）的布置、形状大小、内部构造和材料做法等的图纸。

（1）基础结构图识读。基础结构图或称基础图，是表示建筑物室内地面（±0.000）以下基础部分的平面布置和构造的图样，包括基础平面图、基础详图和文字说明等。

1）基础平面图。基础平面图是假想用一个水平剖切面在地面附近将整幢房屋剖切后，向下投影所得到的剖面图（不考虑覆盖在基础上的泥土）。

基础平面图主要表示基础的平面位置，以及基础与墙、柱轴线的相对关系。在基础平面图中，被剖切到的基础墙轮廓要画成粗实线。基础底部的轮廓线画成细实线。基础的细部构造不必画出。它们将详尽地表达在基础详图上。图中的材料图例可与建筑平面图画法一致。

在基础平面图中，必须注出与建筑平面图一致的轴间尺寸。此外，还应注出基础的宽度尺寸和定位尺寸。宽度尺寸包括基础墙宽和大放脚宽；定位尺寸包括基础墙、大放脚与轴线的联系尺寸。基础平面图的内容见表1-5。

表1-5　基础的平面图的内容

序号	主　要　内　容
1	图名、比例
2	纵横定位线及其编号（必须与建筑平面图中的轴线一致）
3	基础的平面布置，即基础墙、柱及基础底面的形状、大小及其与轴线的关系
4	断面图的剖切符号
5	轴线尺寸、基础大小尺寸和定位尺寸
6	施工说明

2）基础详图。基础详图是用放大的比例画出的基础局部构造图，它表示基础不同断面处的构造做法、详细尺寸和材料。基础详图的主要内容见表1-6。

表1-6　基础详图的主要内容

序号	主要内容
1	轴线及编号
2	基础的断面形状，基础形式，材料及配筋情况
3	基础详细尺寸：表示基础的各部分长宽高，基础埋深，垫层宽度和厚度等尺寸；主要部位标高，如室内外地坪及基础底面标高等
4	防潮层的位置及做法

（2）楼层结构平面图识读。楼层结构平面图是假想沿着楼板面（结构层）把房屋剖开而作的水平投影图。它主要表示楼板、梁、柱、墙等结构的平面布置，现浇楼板、梁等的构造、配筋以及各构件间的联结关系。一般由平面图和详图所组成。

（3）屋顶结构平面图识读。屋顶结构平面图是表示屋顶承重构件布置的平面图，它的图示内容与楼层结构平面图基本相同。对于平屋顶，因屋面排水的需要，承重构件应按一定坡度铺设，并设置天沟、上人孔、屋顶水箱等。

实践技能

实践技能 1 正投影的基本性质

正投影的基本性质有全等性、积聚性和类似性。

1. 全等性

在图 1-29 中，空间直线 AB 平行于投影面 H，作 A 和 B 两个端点在 H 面上的正投影 a 和 b。连接 ab 即得 AB 直线在 H 面上的正投影。由于 AB 平行于 H 面，即有 $Aa = Bb$，因而有 $ABba$ 为矩形，故得 $ab = AB$。同理可推出：当 $\triangle CDE$ 平行于 H 面时：它在 H 面上的正投影 $\triangle cde$ 全等于 $\triangle CDE$。分析得出结论：当空间直线或平面平行于投影面时，其在所平行的投影面上的投影反映了直线的实长或平面的实形，正投影的这种性质称为全等性。

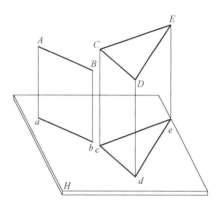

图 1-29 正投影全等性的演示

2. 积聚性

在图 1-30 中，空间直线 AB 垂直于投影面 H，由于直线 AB 与投射线方向一致。作直线 AB 在 H 面上的正投影时，很容易得出直线 AB 在 H 面上的正投影重叠为一点 a（b）。同理可推出，当 $\triangle CDE$ 垂直于 H 面时，其在 H 面上的正投影为一条积聚的直线 cde。通过以上分析，得出：当直线或平面垂直于投影面时，它在所垂直的投影面上的投影为一点或一条直线。正投影的这种性质称为积聚性。

3. 类似性

在图 1-31 中，空间直线 AB 倾斜于投影面 H，它在 H 面上的正投影 ab 显然比 AB 短，但 ab 仍是一直线。$\triangle CDE$ 倾斜于投影面，它在 H 面上的正投影为 $\triangle cde$。同样也可以想象出，当空间为 n 边的平面图形与投影面倾斜时，其投影仍为 n 边形，只是大小与空间 n 边形不全等而已。通过以上分析，得出：当空间直线或平面倾斜于投影面时，它在该投影面上的正投影仍为直线或与之类似的平面图形，其投影的长度变短或面积变小，这一性质称为类似性。

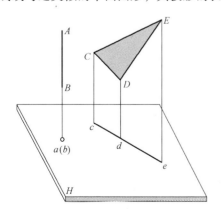

图 1-30 正投影积聚性的演示

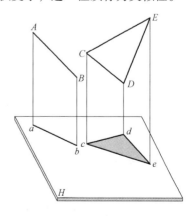

图 1-31 正投影类似性的演示

实践技能 2 建筑详图的识读

建筑详图是把房屋的某些细部构造及构配件用较大的比例（如 1:20，1:10，1:5 等）将其形状、大小、材料和做法详细表达出来的图样，简称详图或大样图、节点图。常用的详图一般有：墙身详图，楼梯详图，门窗详图，厨房、卫生间、浴室、壁橱及装修详图（吊顶、墙裙、贴面）等。

1. 外墙身详图识读

外墙身详图实际上是建筑剖面图的局部放大图。它主要表示房屋的屋顶、檐口、楼层、地面、窗台、门窗顶、勒脚、散水等处的构造，以及楼板与墙的连接关系。

外墙身详图的主要内容有：标注墙身轴线编号和详图符号；采用分层文字说明的方法表示屋面、楼面、地面的构造；表示各层梁、楼板的位置及与墙身的关系；表示檐口部分如女儿墙的构造、防水及排水构造；表示窗台、窗过梁（或圈梁）的构造情况；表示勒脚部分如房屋外墙的防潮、防水和排水的做法（外墙身的防潮层，一般在室内底层地面下 60mm 左右处，外墙面下部有 30mm 厚 1:3 水泥砂浆，层面为褐色水刷石的勒脚，墙根处有坡度 5% 的散水）；标注各部位的标高及高度方向和墙身细部的大小尺寸；文字说明各装饰内、外表面的厚度及所用的材料。

2. 楼梯详图识读

楼梯是房屋中比较复杂的构造，目前多采用预制或现浇钢筋混凝土结构。楼梯由楼梯段、休息平台和栏板（或栏杆）等组成。

楼梯详图一般包括平面图、剖面图及踏步栏杆详图等。它们表示出楼梯的形式，踏步、平台、栏杆的构造、尺寸、材料和做法。楼梯详图分为建筑详图与结构详图，并分别绘制。对于比较简单的楼梯，建筑详图和结构详图可以合并绘制，编入建筑施工图和结构施工图。

（1）楼梯平面图。一般每一层楼都要画一张楼梯平面图。三层以上的房屋，若中间各层的楼梯位置及其梯段数、踏步数和大小相同时，通常只画底层、中间层和顶层三个平面图。

楼梯平面图实际是各层楼梯的水平剖面图，水平剖切位置应在每层上行第一梯段及门窗洞口的任一位置处。各层（除顶层和底层外）被剖到的梯段，按制图标准的规定，均在平面图中以 2 根 45°折断线表示。

在各层楼梯平面图中应标注该楼梯间的轴线及编号，以确定其在建筑平面图中的位置。底层楼梯平面图还应注明楼梯剖面图的剖切符号。

平面图中要注出楼梯间的开间和进深尺寸、楼地面和平台面的标高，以及各细部的详细尺寸。通常把梯段长度尺寸与踏面数、踏面宽的尺寸合写在一起。

（2）楼梯剖面图。假想用一铅垂平面通过各层的一个梯段和门窗洞将楼梯剖开，向另一未剖到的梯段方向投影，所得到的剖面图，即为楼梯剖面图。

楼梯剖面图表达出房屋的层数，楼梯梯段数，步级数以及楼梯形式，楼地面、平台的构造及与墙身的连接等。若楼梯间的屋面没有特殊之处，一般可不画。

楼梯剖面图中还应标注地面、平台面、楼面等处的标高和梯段、楼层、门窗洞口的高度尺寸。楼梯高度尺寸注法与平面图梯段长度注法相同。如 $10 \times 150 = 1500$，10 为梯段步级数 -1，150 为踏步高度（mm）。

楼梯剖面图中也应标注承重结构的定位轴线及编号，对需画详图的部位注出详图索引符号。

（3）节点详图。楼梯节点详图主要表示栏杆、扶手和踏步的细部构造。

小经验

1. 工业建筑构造有哪些特点？

答：工业建筑构造的特点有：

（1）厂房的建筑设计是在工艺设计图的基础上进行的。

（2）生产设备的要求决定着厂房的空间尺度。设备多，体量大，各部生产联系密切，有多种吊装运输设备通行，使得厂房内部具有较大的敞通空间。

（3）当厂房宽度较大时，特别是多跨厂房，为满足室内采光、通风的需要，屋顶上设有天窗；为了屋面防水、排水的需要，还应设置屋面排水系统（天沟及水落管）。

（4）厂房荷载决定应采用大型承重骨架。在单层厂房中，多用钢筋混凝土排架结构承重；在多层厂房中，用钢筋混凝土骨架承重；对于特别高大的厂房，或有重型吊车的厂房，或高温厂房，或地震烈度较高地区的厂房，宜采用钢骨架承重。

（5）生产产品的需要影响着厂房的构造。

2. 外墙身详图阅读时应注意哪些问题？

答：外墙身详图阅读时应注意的问题有：

（1）±0.000 或防潮层以下的砖墙以结构基础图为施工依据。看墙身剖面图时，必须与基础图配合，并注意 ±0.000 处的搭接关系及防潮层的做法。

（2）屋面、地面、散水、勒脚等的做法、尺寸应和材料做法对照。

（3）要注意建筑标高和结构标高的关系。建筑标高一般是指地面或楼面装修完成后上表面的标高，结构标高主要是结构构件的下皮或上皮标高。在预制楼板结构楼层剖面图中，一般只注明楼板的下皮标高。在建筑墙身剖面图中只注明建筑标高。

3. 简述结构施工图的主要用途？

答：结构施工图是施工放线、构件定位、支模板、扎钢筋、浇筑混凝土、安装梁板柱等构件以及编制施工组织设计的依据，是编制工程预算和工料分析的依据。

建筑结构按其主要承重构件所采用的材料不同，一般可分为钢结构、木结构、砖石结构和钢筋混凝土结构等。不同的结构类型，其结构施工图的具体内容及编排方式也各有不同，但一般都包括以下三部分：结构设计说明、结构平面图、构件详图。

结构构件的种类繁多，为了便于绘图和读图，在结构施工图中常用代号来表示构件的名称。构件代号一般用大写的汉语拼音字母表示，见表1-3。

当采用标准、通用图集中的构件时，应用该图集中的规定代号或型号注写。

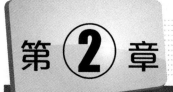

第 ② 章

抹灰工程施工技术基础

必备知识点

必备知识点1 抹灰工程常用工具

1. 抹灰工程常用手工工具

抹灰操作工在施工过程中，常用的手工工具有抹子、尺子、刷子及其他的手工工具。

（1）抹子。常用的抹子包括铁抹子、钢皮抹子、压抹子、塑料抹子、木抹子、阴角抹子、圆角阴角抹子、阳角抹子、塑料阴角抹子、圆角阳角抹子和捋角器。

铁抹子，俗称钢板，有方头和圆头两种，常用于涂抹底灰、水泥砂浆面层、水刷石及水磨石面层等，如图2-1所示。

图 2-1 铁抹子

a）方头铁抹子 b）圆头铁抹子

钢皮抹子，与铁抹子外形相似，但是比较薄，弹性较大，用于抹水泥砂浆面层和地面压光等。

压抹子，用于水泥砂浆的面层压光和纸筋石灰浆、麻刀石灰浆的罩面等，如图2-2所示。

塑料抹子，是用硬质聚乙烯塑料做成的抹灰器具，有圆头和方头两种，其用途是压光纸筋灰等面层，如图2-3所示。

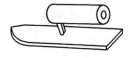

图 2-2 压抹子

图 2-3 塑料抹子

木抹子，其作用是搓平底灰和搓毛砂浆表面，有圆头、方头两种，如图2-4所示。

阴角抹子，适用于压光阴角，分小圆角及尖角两种，如图 2-5 所示。

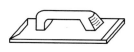

图 2-4　木抹子

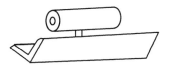

图 2-5　阴角抹子

圆角阴角抹子，又称阴轴角器，有小圆角和尖角两种，用于阴角抹灰的压实和压光，如图 2-6 所示。

阳角抹子。适用于压光阳角，分为小圆角和尖角两种，如图 2-7 所示。

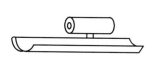

图 2-6　圆角阴角抹子

图 2-7　阳角抹子

塑料阴角抹子，用于纸筋白灰等罩面层的阴角压光，如图 2-8 所示。

圆角阳角抹子，用于楼梯踏步防滑条的捋光压实，如图 2-9 所示。

捋角器，用于捋水泥抱角的素水泥浆，作护角层用，如图 2-10 所示。

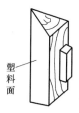

图 2-8　塑料阴角抹子

图 2-9　圆角阳角抹子

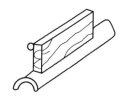

图 2-10　捋角器

（2）尺子。常用的尺子有木杠、托线板、八字靠尺、刮尺、靠尺板、方尺和水平尺等。

木杠，分长、中、短三种。长杠长 2.5～3.5m，一般用于做标筋；中杠长 2～2.5m；短杠长 1.5m 左右，用于刮平地面或墙面的抹灰层，如图 2-11 所示。

托线板，俗称担子板，与线锤结合在一起使用，主要用于做标志时的挂垂直，检查墙面和柱面的垂直度，如图 2-12 所示。

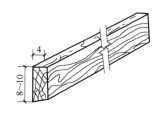

图 2-11　木杠

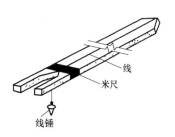

图 2-12　托线板

八字靠尺，一般用于做棱角的依据，其长度应按需要截取，如图 2-13 所示。

刮尺，其端面设计为：用于操作的一面为平面，另一面为弧形。刮尺用于抹灰层的找平，如图 2-14 所示。

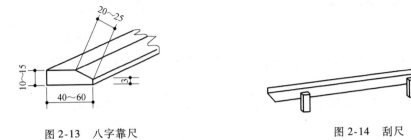

图 2-13　八字靠尺　　　　　　　　　　　　图 2-14　刮尺

靠尺板，分厚薄两种，断面都为矩形。厚板多用于抹灰线，薄板多用于做棱角，如图 2-15 所示。

方尺，又称兜尺，是用于测量阴角、阳角是否方正的量具，如图 2-16 所示。

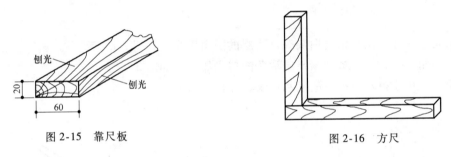

图 2-15　靠尺板　　　　　　　　　　　　　图 2-16　方尺

水平尺，用于找平，如图 2-17 所示。

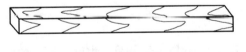

图 2-17　水平尺

（3）刷子。常用的刷子种类有长毛刷、鸡腿刷、钢丝刷、茅草刷和猪鬃刷等。

长毛刷，室内外抹灰洒水用，如图 2-18 所示。

鸡腿刷，用于施工过程中长毛刷刷不到的地方，如图 2-19 所示。

图 2-18　长毛刷　　　　　　　　　　　　　图 2-19　鸡腿刷

钢丝刷，用于清刷基层，如图 2-20 所示。

茅草刷，用茅草扎成，用于木抹子抹平时洒水，如图 2-21 所示。

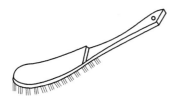

图 2-20　钢丝刷

图 2-21　茅草刷

猪鬃刷，用与刷洗水刷石、拉毛灰，如图 2-22 所示。

（4）常用的搅拌工具有筛子、铁锨、灰镐、灰耙和灰叉子等，如图 2-23 所示。筛子按用途分为大、中、小三种。大筛一般用于筛分砂子、豆石等；中、小筛一般多用于干粘石。铁锨、灰镐、灰耙和灰叉子用于搅浆。

（5）饰面安装工具。饰面安装工具的种类有小铁铲、开刀和凿子。

小铁铲，用于饰面砖铺满刀灰和铺小水道封下水管头，如图 2-24 所示。

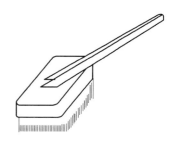

图 2-22　猪鬃刷

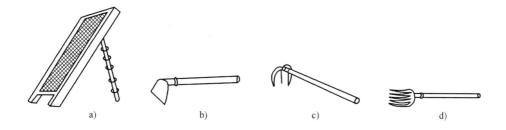

图 2-23　搅拌工具
a）筛子　b）灰镐　c）灰耙　d）灰叉子

开刀，用于陶瓷锦砖拔缝，如图 2-25 所示。
凿子，用于剔凿板材、板块的突出部位。

图 2-24　小铁铲

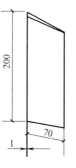

图 2-25　开刀

（6）斩假石用具。花锤、单刃或多刃刀、剁斧都是常用的斩假石用具，如图 2-26 所示。斩假石用具的主要作用是斩假石。

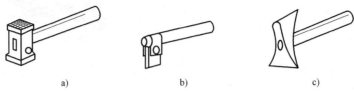

a)　　　　　　　　　b)　　　　　　　　　c)

图 2-26　斩假石工具

a) 花锤　b) 单刃或多刃刀　c) 剁刀

（7）小灰勺。小灰勺主要用于舀灰浆，如图 2-27 所示。

（8）滚筒。滚筒主要在抹水磨石地面及豆石混凝土地面时用于压实，如图 2-28 所示。

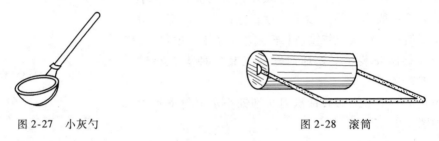

图 2-27　小灰勺　　　　　　　　　　图 2-28　滚筒

（9）粉线包。粉线包用于弹水平线和分格线等，如图 2-29 所示。

（10）分格器。分格器适用于抹灰面层分隔，如图 2-30 所示。

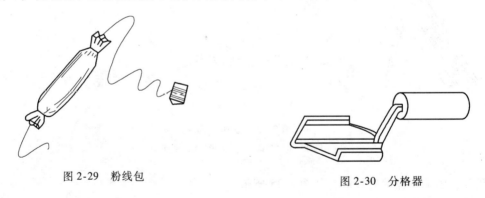

图 2-29　粉线包　　　　　　　　　　　　　图 2-30　分格器

2. 常用的抹灰小型机具

常用的抹灰小型机具有砂浆搅拌机（又称灰浆搅拌机）、地坪抹光机、水磨石机和粉碎淋灰机等。

（1）砂浆搅拌机。砂浆搅拌机用于搅拌砂浆，如图 2-31 所示。常用的规格有 200L 和 325L 两种。砂浆搅拌机分周期作业式和连续作业式两种。

1）周期作业式。卧轴式砂浆搅拌机，由搅拌筒、搅拌轴、传动装置、底架等组成。搅拌轴水平安置在槽形搅拌筒内，在轴的径向臂架上装有几组搅拌叶片，随着轴的转动，搅拌筒里的混合料在搅拌叶片的作用下被强行搅拌。

2）连续作用式。主体部分为一长形圆筒，圆筒中央装有一根水平通轴，轴由电动机通过传动装置驱动。圆筒分隔为供料仓、计量仓和搅拌仓，水平轴与每个仓的对应位置上，分别装有供料叶片，计量螺旋叶片和搅拌叶片。

（2）地坪抹光机。它是装有旋转磨盘用以磨光水磨石地坪的施工机械。其基本构造如图 2-32 所示。

图 2-31　砂浆搅拌机

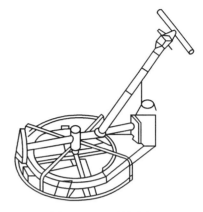

图 2-32　地平抹光机

电动机通过齿轮减速器和挠性联轴器带动磨盘旋转。减速器的箱壳与机架连在一起，机架下方装有两个轮子，整机的重心在两轮的前方，借机重使磨盘着地，并保证与地面有一定的压力，以获得良好的磨削效果，提高磨削速度。转移时，将整机的重心倾移到轮子上，可以随意拖动。圆形的磨盘上一般装有三个砂磨块，用斜楔固定，便于装拆更换。挠性联轴器装在减速器输出轴与磨盘之间，既能传递扭矩，又能让磨盘随地坪任意摆动，确保砂磨块旋转时能和地坪表面始终保持良好的接触，以保证磨削表面的光滑。防护罩装在磨盘的四周，防止磨屑飞溅，其离地间隙可以调整。车轮通过调节装置和机架连接，按砂磨块的磨损情况，可随时调节位置。电气开关装在手柄上，可随时进行控制。该机适用于大面积的地坪、台阶等处的水磨石作业。

（3）水磨石机。水磨石机有单盘旋转式和双盘旋转式两种。主要用于大面积水磨石地面的磨平、磨光作业，如图 2-33 所示。

（4）粉碎淋灰机。用于淋制抹灰砂浆用的石灰膏，如图 2-34 所示。

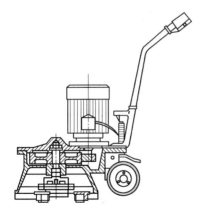

图 2-33　单盘磨石机

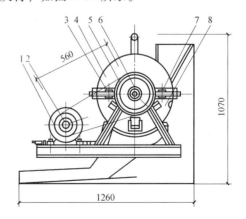

图 2-34　粉碎淋灰机

1—小V带轮　2—钩头锲键　3—胶垫　4—筒体上部
5—大V带轮　6—挡圈　7—支承板　8—筒体下部

必备知识点2 抹灰工程常用材料

1. 水泥

水泥为无机水硬性胶凝材料，是重要的抹灰材料之一，在建筑工程中有着广泛的应用。水泥品种非常多，按其主要水硬性物质名称可分为硅酸盐水泥、铝酸盐水泥、硫铝酸盐水泥、氟铝酸盐水泥、磷酸盐水泥等。下面主要介绍硅酸盐水泥。

（1）硅酸盐水泥。将石灰质材料（如石灰岩白垩等）和黏土质材料或其他含二氧化硅、氧化铝及氧化铁的物质适当配合，制成"生料"，再经水泥窑（回转窑或立窑），在1300～1450℃的高温下煅烧到部分熔融，成粒块状"熟料"，再加入适量的生石膏（一般加入2%～5%），用球磨机磨成细粉，至此制成水泥。由于这种水泥熟料的主要成分是硅酸钙，所以统称硅酸盐水泥，也称普通水泥。

硅酸盐水泥的主要矿物组成是：硅酸三钙、硅酸二钙、铝酸三钙、铁铝酸四钙。硅酸三钙决定着硅酸盐水泥28d内的强度；硅酸二钙28d后才发挥强度作用，一年左右达到硅酸三钙28d的发挥强度；铝酸三钙强度发挥较快，但强度低，其对硅酸盐水泥在1～3d或稍长时间内的强度起到一定的作用；铁铝酸四钙的强度发挥也较快，但强度低，对硅酸盐水泥的强度贡献小。

硅酸盐水泥的技术要求见表2-1。

表2-1　硅酸盐水泥的技术要求

类　别		说　明
技术要求	细度	水泥颗粒越细，比表面积越大，水化反应越快越充分，早期和后期强度都较高。国家规定：比表面积应不小于300m²/kg，否则为不合格
	凝结时间	为保证在施工时有充足的时间来完成搅拌、运输、成型等各种工艺，水泥的初凝时间不宜太短；施工完毕后，希望水泥能尽快硬化，产生强度，所以终凝时间不宜太长。硅酸盐水泥的初凝时间不得早于45min，终凝时间不得迟于390min
	体积安定性	水泥浆体在凝结硬化过程中，体积变化的均匀性称为体积安定性。如果体积变化不均匀即体积安定性不良，容易产生翘曲和开裂，降低工程质量甚至出现事故

国家标准《通用硅酸盐水泥》（GB 175—2007）规定，按混合材料的品种和掺量，通用硅酸盐水泥可分为硅酸盐水泥、普通硅酸盐水泥、矿渣硅酸盐水泥、火山灰硅酸盐水泥、粉煤灰硅酸盐水泥和复合硅酸盐水泥，见表2-2。

表2-2　用硅酸盐水泥的代号和强度等级

水泥名称	简称	代号	强度等级	组分（%）				
				熟料+石膏	粒化高炉矿渣	火山灰质混合材料	粉煤灰	石灰石
硅酸盐水泥	硅酸盐水泥	P·Ⅰ	42.5、42.5R、52.5、52.5R、62.5、62.5R、	100				
		P·Ⅱ		≥95				≤5

（续）

水泥名称	简称	代号	强度等级	组分（%）				
				熟料＋石膏	粒化高炉矿渣	火山灰质混合材料	粉煤灰	石灰石
普通硅酸盐水泥	普通水泥	P·O	42.5、42.5R、52.5、52.5R	≥80且<95	>5且≤20			
矿渣硅酸盐水泥	矿渣水泥	P·S·A	32.5、32.5R、42.5、42.5R、52.5、52.5R	≥50且<80	>20且≤50			
		P·S·B		≥30且<50	>50且≤70			
火山灰硅酸盐水泥	火山灰水泥	P·P		≥60且<80		>20且≤40		
粉煤灰硅酸盐水泥	粉煤灰水泥	P·F		≥50且<80			>20且≤40	
复合硅酸盐水泥	复合水泥	P·C		≥60且<80	>20且≤40			

注：强度等级中，R表示早强型。

不同品种、不同强度等级的通用硅酸盐水泥，其龄期的强度应符合表2-3、表2-4的规定。

表2-3　硅酸盐水泥与普通硅酸盐水泥龄期的强度

品　　种	强度等级	抗压强度/MPa		抗折强度/MPa	
		3d	28d	3d	28d
硅酸盐水泥	42.5	≥17.0	≥42.5	≥3.5	≥6.5
	42.5R	≥22.0		≥4.0	
	52.5	≥23.0	≥52.5	≥4.0	≥7.0
	52.5R	≥27.0		≥5.0	
	62.5	≥28.0	≥62.5	≥5.0	≥8.0
	62.5R	≥32.0		≥5.5	
普通硅酸盐水泥	42.5	≥17.0	≥42.5	≥3.5	≥6.5
	42.5R	≥22.0		≥4.0	
	52.5	≥23.0	≥52.5	≥4.0	≥7.0
	52.5R	≥27.0		≥5.0	

（2）白色水泥和彩色硅酸盐水泥（简称彩色水泥）

1）白色水泥。白色硅酸盐水泥代号P·W，由氧化铁含量少的硅酸盐水泥熟料、适量石膏及标准规定的混合材料，磨细制成水硬性胶凝材料。

白色硅酸盐水泥熟料以适当成分的生料烧至部分熔融，所得以硅酸钙为主要成分，氧化

表 2-4　矿渣、火山灰、粉煤灰、复合硅酸盐水泥龄期的强度

品种	强度等级	抗压强度/MPa		抗折强度/MPa	
		3d	28d	3d	28d
矿渣硅酸盐水泥 火山灰硅酸盐水泥 粉煤灰硅酸盐水泥 复合硅酸盐水泥	3.5	≥10.0	≥32.5	≥2.5	≥5.5
	32.5R	≥15.0		≥3.0	
	42.5	≥15.0	≥42.5	≥3.0	≥6.0
	42.5R	≥19.0		≥4.0	
	52.5	≥21.0	≥52.5	≥4.0	≥7.0
	52.5R	≥23.0		≥4.5	

铁含量少的熟料。熟料中的氧化镁含量不宜超过5%，如果水泥经压蒸安定性试验合格，则熟料中氧化镁的含量允许放宽到6%。

天然石膏，是指符合《天然石膏》（GB/T 5483—2008）规定G类或A类二级（含）以上的石膏或硬石膏。工业生产中以硫酸钙为主要成分的副产品，采用工业副产石膏时应经过试验证明对水泥性能无害。混合材料是指石灰石或窑灰，混合材料掺量为水泥质量的0%～10%。窑灰应符合《掺入水泥中的回转窑窑灰》（JC/T 742—2009）的规定。

助磨剂的加入量不超过水泥质量的1%，助磨剂应符合《水泥助磨剂》（JC/T 667—2004）的规定。白色硅酸盐水泥强度的等级分为32.5、42.5和52.5、62.5。

白色水泥有各种不同的级别及强度，初凝时间不得早于45min，终凝时间不得迟于12h。白色水泥最低白度不得低于87%。

白色水泥在使用过程中应注意保持工具的清洁，以免影响白度。在运输保管期间，不同强度等级、不同白度的水泥须分别存运，不得混杂，不得受潮。

2）彩色硅酸盐水泥。彩色硅酸盐水泥是以白色硅酸盐水泥熟料和优质白色石膏，掺入颜料、外加剂共同磨细而成。

按其生产方法分成两类。一类为白水泥熟料加适量石膏和碱性颜料共同磨细而制得。以这种方法生产彩色水泥时，要求所用颜料不溶于水，分散性好，耐碱性强，具有一定的抗大气稳定性能，且掺入水泥中不会显著降低水泥的强度。通常情况下，多使用以氧化物为基础的各色颜料。另一类硅酸盐水泥，是在白水泥生料中加入少量金属氧化物，直接烧成彩色水泥熟料，然后再加入适量石膏细磨而成。常用的彩色掺加颜料有：氧化铁（红、黄、褐、黑），二氧化锰（褐、黑），氧化铬（绿），钴蓝（蓝），群青蓝（靛蓝），孔雀蓝（海蓝）、炭黑（黑）等。

（3）水泥的保存与验收。在运输或储存水泥时，一定要注意防潮、防水。水泥受潮后会结块，强度降低，甚至不能使用。

对袋装水泥，不要弄破纸袋，运输过程中要加覆盖物防雨。储存水泥的仓库应保持干燥，屋顶和外墙不得漏水，地面垫板离地30cm，四周离墙约30cm，堆垛高度一般不超过10袋。不同品种、不同强度等级和不同出厂日期的水泥，应分别堆放，不得混杂，并要有明显标志，要先到先用。临时露天存放水泥应采取防雨措施，覆盖篷布等，底板垫高，并采用油毡、油布或油纸等铺垫防潮。水泥存放期不宜过长，在一般条件下，存放3个月后的水泥，强度约降低10%～20%，时间越长，强度降低越多，所以存储期超过3个月的水泥，使用

时必须经过试验，并按试验测定的强度使用。如发现有少量结块受潮的水泥，应将结块粉碎过筛，降级使用。运输散装水泥，要用专用车辆或船只；储存散装水泥，地面要抹水泥，不得混有杂物，最好使用罐仓；不同品种、强度等级和不同出厂日期的水泥，应分仓储放。

2. 石灰、石膏和水玻璃

（1）石灰。石灰是一种以氧化钙为主要成分的气硬性无机胶凝材料。石灰是用石灰石、白云石、白垩、贝壳等碳酸钙含量高的原料，经 900～1100℃ 煅烧而成。石灰分为生石灰、熟石灰、建筑生石灰、建筑消石灰、磨细生石灰粉等。

1）生石灰。（气硬性）生石灰由石灰石（包括钙质石灰石、镁质石灰石）焙烧而成，呈块状、粒状或粉状，化学成分主要为氧化钙，可和水发生放热反应生成消石灰。

钙质石灰主要由氧化钙或氢氧化钙组成，而不添加任何水硬性或火山灰质的材料。镁质石灰主要由氧化钙和氧化镁或氢氧化钙和氢氧化镁组成，而不添加任何水硬性或火山灰质的材料。

2）熟石灰。生石灰加水后生成氢氧化钙的过程称为石灰的熟化。石灰熟化过程伴随体积膨胀和放热。熟化后的石灰称为熟石灰，建筑工程中将生石灰熟化成熟石灰粉或石灰膏之后再使用。

3）建筑生石灰。建筑生石灰是以碳酸钙为主要成分的原料，在低于烧结温度下煅烧而成的。建筑生石灰按其化学成分分为钙质生石灰（氧化镁含量少于或等于5%）、镁质生石灰（氧化镁含量大于5%）。建筑生石灰应储存在干燥的仓库内，不易长期储存。建筑生石灰的分类见表2-5。建筑生石灰粉是以建筑生石灰为原料，经研磨制成的。

表 2-5 建筑生石灰的分类

类 别	名 称	代 号
钙质石灰	钙质石灰 90	CL90
	钙质石灰 85	CL85
	钙质石灰 75	CL75
镁质石灰	镁质石灰 85	CL85
	镁质石灰 80	CL80

建筑生石灰的技术要求见表2-6、表2-7。

表 2-6 建筑生石灰的化学成分

名称	（氧化钙·氧化镁）	氧化镁	二氧化碳	三氧化硫
CL 90-Q CL 90-QP	≥90	≤5	≤4	≤2
CL 85-Q CL 85-QP	≥85	≤5	≤7	≤2
CL 75-Q CL 75-QP	≥75	≤5	≤12	≤2
ML 85-Q ML 85-QP	≥85	>5	≤7	≤2
ML 80-Q ML 80-QP	≥80	>5	≤7	≤2

表 2-7　建筑生石灰的物理性质

名　　称	产浆量/（L/10kg）	细度	
		0.2mm 筛余量（%）	90μm 筛余量（%）
CL 90-Q	≥26	—	—
CL 90-QP	—	≤2	≤7
CL 85-Q	≥26	—	—
CL 85-QP	—	≤2	≤7
CL 75-Q	≥26	—	—
CL 75-QP	—	≤2	≤7
ML 85-Q	—	—	—
ML 85-QP	—	≤2	≤7
ML 80-Q	—	—	—
ML 80-QP	—	≤7	≤2

4）建筑消石灰。它是以建筑生石灰为原料，经水化和加工制成的。建筑消石灰按其化学成分分为钙质消石灰粉（氧化镁含量小于4%）、镁质消石灰粉（氧化镁含量等于或大于4%到小于24%）、白云石消石灰粉（氧化镁含量等于或大于24%到小于30%）。建筑消石灰粉应按类别、等级分别储存，储存期不宜过长。建筑消石灰分类按扣除游离水和结合水后（CaO + MgO）的百分率加以分类，见表2-8。

表 2-8　建筑消石灰的分类

类　　别	名　　称	代　　号
钙质消石灰	钙质消石灰 90	HCL 90
	钙质消石灰 85	HCL 85
	钙质消石灰 75	HCL 75
镁质消石灰	镁质消石灰 85	HCL 85
	镁质消石灰 80	HCL 80

建筑消石灰的技术要求见表2-9、表2-10。

表 2-9　建筑消石灰的化学成分（%）

名　　称	（氧化钙＋氧化镁）	氧化镁	三氧化硫
HCL 90	≥90		
HCL 85	≥85	≤5	≤2
HCL 75	≥75		
HCL 85	≥85		
HCL 80	≥80	>5	≤2

注：表中数值以试样扣除游离水和化学结合水后的干基为基准。

5）磨细生石灰粉。它是用生石灰经磨细而成。它的用法与石灰膏基本相同。因没有经过熟化，拌制成砂浆后大大提高了砂浆的凝结速度，节省了硬化时间，并且在硬化过程中产生热量，温度升高，所以可在低温条件下施工，减少了原来在低温条件下施工时砂浆加热的

表 2-10 建筑消石灰的物理性质

名 称	游离水（%）	细度		安定性
		0.2mm 筛余量（%）	90μm 筛余量	
HCL 90	≤2	≤2	≤7	合格
HCL 85				
HCL 75				
HCL 85				
HCL 80				

麻烦。磨细生石灰粉呈粉状，施工后不会产生石灰熟化不充分的颗粒在墙面上膨胀的现象。磨细生石灰粉为袋装，如果是在冬期施工使用，保存时一定要保持干燥，不受潮，以免消解过程提前进行，而使砂浆产生的热量降低或消失。

（2）石膏。石膏分为建筑石膏和抹灰石膏。石膏是单斜晶系矿物，主要化学成分是硫酸钙（$CaSO_4$）。石膏是一种用途广泛的工业材料和建筑材料，可用于水泥缓凝剂、石膏建筑制品、模型制作、医用食品添加剂、硫酸生产、纸张填料、油漆填料等。

石膏按用途及煅烧程度的不同，分为建筑石膏、模型石膏和高强石膏。天然二水石膏（$CaSO_4 \cdot 2H_2O$）又称为生石膏，经过煅烧、磨细可得 β 型半水石膏（$CaSO_4 \cdot 1/2H_2O$），即建筑石膏，又称熟石膏、灰泥。若煅烧温度为 190℃ 可得模型石膏，其细度和白度均比建筑石膏高。若将生石膏在 400～500℃ 或高于 800℃ 下煅烧，即得高强石膏，其凝结、硬化较慢，但硬化后强度、耐磨性和耐水性均较普通建筑石膏为好。

1）建筑石膏。建筑石膏是天然石膏或工业副产石膏经脱水处理制得的，以 β 半水硫酸钙（$\beta\text{-}CaSO_4 \cdot 1/2H_2O$）为主要成分，不预加任何外加剂或添加物的粉状胶凝材料。建筑石膏按原材料种类可分为三类，见表 2-11。

表 2-11 建筑石膏分类

类 别	天然建筑石膏	脱碳建筑石膏	磷建筑石膏
代 号	N	S	P

建筑石膏的物理力学技术性能应符合表 2-12 的要求。

表 2-12 建筑石膏物理力学性能

等级	细度（0.2mm 方孔筛筛余）（%）	凝结时间/min		2h 强度/MPa	
		初凝	终凝	抗折	抗压
3.0	≤10	≥3	≤30	≥3.0	≥6.0
2.0				≥2.0	≥4.0
1.6				≥1.6	≥3.0

2）抹灰石膏。抹灰石膏是以半水石膏（$CaSO_4 \cdot 1/2H_2O$）和 Ⅱ 型无水硫酸钙（Ⅱ 型 $CaSO_4$）单独或两者混合后作为主要胶凝材料，掺入外加剂制成的抹灰材料。它主要用于内墙各种墙面的抹灰粉刷。抹灰石膏按其用途分类见表 2-13。

表 2-13 抹灰石膏分类

类　别	面层抹灰石膏①	底层抹灰石膏②	轻质底层抹灰石膏③	保温层抹灰石膏④
代号	F	B	L	T

① 面层抹灰石膏是用于底层抹灰石膏或其他基地上的薄层找平或饰面的石膏抹灰材料。
② 底层抹灰石膏是用于基底找平的石膏抹灰材料，通常含有骨料。
③ 轻质底层抹灰石膏是含有轻骨料的底层抹灰石膏。
④ 保温层抹灰石膏是具有保温功能的石膏抹灰材料。

抹灰石膏的主要技术要求应符合下列规定：面层抹灰石膏的细度应符合《试验筛》（GB/T 6003.1—2012）的 1.0mm 和 0.2mm 方孔筛的筛余百分数计，其值应符合表 2-14 规定的数值。抹灰石膏的保水率应符合表 2-15 规定的数值。抹灰石膏的强度应符合表 2-16 规定的数值。抹灰石膏的初凝时间不小于 1h，终凝时间应不大于 8h。保温层抹灰石膏的体积密度应不大于 $500 kg/m^3$。轻质底层抹灰石膏的体积密度应不大于 $1000 kg/m^3$。保温层抹灰石膏的导热系数应不大于 $0.1 W/(m \cdot K)$。

表 2-14 抹灰石膏的细度 （%）

筛孔尺寸	细度
1.0mm 方孔筛筛余	0
0.2mm 方孔筛筛余	≤40

表 2-15 抹灰石膏保水率 （%）

项目	面层抹灰石膏	底层抹灰石膏	轻质底层抹灰石膏
保水率	≥90	≥75	≥60

表 2-16 抹灰石膏的强度 （单位：MPa）

项　目	面层抹灰石膏	底层抹灰石膏	轻质底层抹灰石膏	保温层抹灰石膏
抗折强度	≥3.0	≥2.0	≥1.0	—
抗压强度	≥6.0	≥4.0	≥2.5	≥0.6
拉伸粘结强度	≥0.5	≥0.4	≥0.3	—

（3）水玻璃。水玻璃是由不同比例的碱金属氧化物与二氧化硅化合而成的一种可溶于水的硅酸盐，为青灰色或淡黄色黏稠状液体。水玻璃又可分为硅酸钾（$K_2O \cdot nSiO_2$）和硅酸钠（$Na_2O \cdot nSiO_2$）两种。选矿中通常用的水玻璃为硅酸钠水玻璃，它通常是一种黏稠的高浓度强碱性水溶液，主要用于包装材料的胶黏剂、清洁剂的原料、耐火材料及铸造业的原料、制造化工产品的原料、混凝土的速凝剂。

水玻璃是无色、淡黄色或表灰色透明的黏稠液体。无水物为无定形，天蓝色或黄绿色，为玻璃状。形态分为液体、固体、水淬三种。水玻璃的主要技术指标应符合表 2-17 的规定。

表 2-17 水玻璃技术指标

项　目	指　标	项　目	指　标
密度(20℃)/(g/cm³)	1.44～1.47	二氧化硅含量（%）	≥25.7
氧化钠储量（%）	≥10.2	模数（M）	2.6～2.9

3. 骨料

骨料是组成混凝土的主要材料，有粗骨料（石）和细骨料（砂）之分。在混凝土工程施工过程中，骨料用量约占混凝土原材料的70%，骨料的质量对混凝土质量的影响很大。

（1）细骨料（砂）。砂适用于建设工程中混凝土及其制品和普通砂浆用砂。砂按产源分为天然砂、机制砂两类。砂按细度模数分为粗、中、细三种规格，其细度模数分别为：粗（3.7～3.1）；中（3.0～2.3）；细（2.2～1.6）。砂按技术要求分为Ⅰ类、Ⅱ类和Ⅲ类。砂的分类见表2-18。

表 2-18　砂的分类

产　　源	粗细程度（细度模数 μ_f）	技术要求
天然砂	粗砂（3.7～3.1）	Ⅰ类
机制砂	中砂（3.0～22.3）	Ⅱ类
	细砂（2.2～1.6）	Ⅲ类

1）天然砂。天然砂是自然生成的，经人工开采和筛分的粒径小于4.75mm的岩石颗粒，包括河砂、湖砂、山砂、淡化海砂，但不包括软质、风化的岩石颗粒。

2）机制砂。机制砂是指经除土处理，由机械破碎、筛分制成的，粒径小于4.75mm的岩石、矿山尾矿或工业废渣颗粒，但不包括软质、风化的颗粒，俗称人工砂。

3）砂的主要技术要求。砂的颗粒级配应符合表2-19的规定；砂的级配类别应符合表2-20的规定。对于砂浆用砂，4.75mm筛孔的累计筛余量应为0。砂的实际颗粒级配除4.75mm和600μm筛档外，可以略有超出，但各级累计筛余超出值总和应不大于5%。

表 2-19　砂的颗粒级配（GB/T 14684—2011）

砂的分类	天然砂			机制砂		
级配区	1 区	2 区	3 区	1 区	2 区	3 区
方筛孔	累计筛余（%）					
4.75mm	10～0	10～0	10～0	10～0	10～0	10～0
2.36mm	35～5	25～0	15～0	35～5	25～0	15～0
1.18mm	65～35	50～10	25～0	65～35	50～10	25～0
600μm	85～71	70～41	40～16	85～71	70～41	40～16
300μm	95～80	92～70	85～55	95～80	92～70	85～55
150μm	100～90	100～90	100～90	97～85	94～80	94～75

表 2-20　砂的级配类别

类别	Ⅰ	Ⅱ	Ⅲ
级配区	2 区	1、2、3 区	

（2）粗骨料（石）。粒径大于5mm的骨料称为粗骨料，常用的粗骨料有天然卵石和人工碎石。

按产源划分，粗骨料可分为卵石和碎石两大类。卵石是由自然风化、水流搬运和分选、堆积形成的，粒径大于4.75mm的岩石颗粒。碎石是天然岩石、卵石或矿山废石经机械破碎、筛分制成的，粒径大于 4.75mm 的岩石颗粒。卵石分为河卵石、海卵石和山卵石三种。卵石表面光滑，拌制的混凝土和易性良好，易捣实，空隙率也小，不透水性好，但与水泥砂浆的黏结性较差，含杂质量多，不宜用于配制高强度等级的混凝土。

按粒径划分，石子按粒径大小不同可分为粗石、中石和细石三类，见表 2-21。

表 2-21 石子按粒径分类

分 类	粒 径
粗石	40 ~ 100mm
中石	20 ~ 40mm
细石	5 ~ 20mm

按石质划分，可分为岩浆岩、沉积岩和变质岩，见表 2-22。

表 2-22 岩石按成因分类

名 称	分 类
岩浆岩	侵入岩(花岗岩)、喷出岩(安山岩、玄武岩、流纹岩)
沉积岩	石灰岩,砾岩,砂岩,页岩
变质岩	片麻岩,大理岩,石英岩,板岩

4. 常用的抹灰装饰材料

(1) 陶瓷马赛克。它是以优质瓷土烧制成的小块瓷砖。产品边长小于 40mm，又因其有多种颜色和多种形状，拼成的图案似织锦，故称作锦砖。所形成的一张张的产品，称为"联"。联的边长有 284mm、295mm、305mm 和 325mm 四种。按常见的联长为 305mm 计算。

陶瓷马赛克按表面性质分为有釉和无釉两种，目前各地的产品多无釉。

陶瓷马赛克具有抗腐蚀、耐磨、耐火、吸水率小、强度高以及易清洗、不褪色等特点。可用于工业与民用建筑的清洁车间、门厅、走廊、卫生间、餐厅及居室的内墙和地面装修，并可用来装饰外墙面或横竖线条等处。施工时可以不同花纹和不同色彩拼成多种美丽的图案。

1) 陶瓷马赛克的形状，见表 2-23。

表 2-23 陶瓷马赛克的形状

基本形状											
名称		正方			长方 (长条)	对角		斜长方 (斜条)	六角	半八角	长条对角
		大方	中大	中方	小方		大对角	小对角				
规格 /mm	a	39.0	23.6	18.5	15.2	39.0	39.0	32.1	36.4	25	15	7.5
	b	39.0	23.6	18.5	15.2	18.5	19.2	15.9	11.9	—	15	15
	c	—	—	—	—	—	27.9	22.8	37.9	—	18	18
	d	—	—	—	—	—	—	—	22.7	—	40	20
	厚度	5.0	5.0	5.0	5.0	5.0	5.0	5.0	5.0	5.0	5.0	5.0

2) 陶瓷马赛克的拼花图案，见表 2-24 和图 2-35。

表 2-24　陶瓷马赛克的拼花图案

类　别	内　容　介　绍
拼花编号	拼－1、拼－2、拼－3、拼－4、拼－5、拼－6、拼－7、拼－8、拼－9、拼－10、拼－11、拼－12、拼－13、拼－14、拼－15
拼花说明	拼－1 为各种正方形与正方形相拼；拼－2 为正方与长条相拼大方、中方及长条相拼；拼－3 为中方及大对角相拼；拼－4 为小方及小对角相拼；拼－5 为中方及大对角相拼；拼－6 为小方及小对角相拼；拼－7 为斜长条与斜长条相拼；拼－8 为斜长条与斜长条相拼；拼－9 为长条对角与小方相拼；拼－10 为正方与五角相拼；拼－11 为半八角与正方相拼；拼－12 为各种六角相拼；拼－13 为大方、中方、长条相拼；拼－14 为小对角、中大方相拼；拼－15 为各种长条相拼

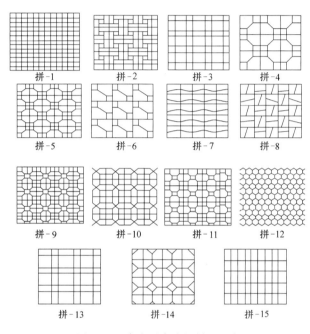

图 2-35　陶瓷马赛克的拼花图案

3）陶瓷马赛克的标定规格及技术要求，见表 2-25。

表 2-25　陶瓷马赛克的标定规格及技术要求

项　目		规格/mm	允许公差/mm		主要技术要求
			一级品	二级品	
单块马赛克	边长	<25.0	±0.5	±0.5	1. 吸水率不大于 0.2% 2. 马赛克脱纸时间不超过 40min
		>25.0	±1.0	±1.0	
	厚度	4.0	±0.2	±0.2	
		4.5	—	—	
每联马赛克	线路	2.0	±0.5	—	
	联长	305.5	+2.5 -0.5	+3 -1	

（2）瓷砖。耐火的金属氧化物及半金属氧化物，经由研磨、混合、压制、施釉、烧结

的过程，所形成的一种耐酸碱的瓷质或石质等的建筑或装饰材料，总称为瓷砖。其原材料多由黏土、石英砂等混合而成。

瓷砖耐蚀，防湿，便于清洁，故多用在浴室、卫生间、化验室等处的内墙面贴铺。近年来，在一些公共建筑中，采用瓷砖所拼成的巨幅壁画，具有很好的艺术效果。

1）瓷砖的分类。按用途分：外墙砖、内墙砖、地砖、广场砖。依成型分：干压成型砖、挤压成型砖、可塑成型砖。依烧成分：氧化性瓷砖、还原性瓷砖。依施釉分：有釉砖、无釉砖。依吸水率分：瓷质砖、炻瓷砖、细炻砖、炻质砖、陶质砖。

2）釉面砖。釉面砖就是砖的表面经过施釉高温、高压烧制处理的瓷砖，这种瓷砖是由土坯和表面的釉面两个部分构成的。釉面的作用主要是增加瓷砖的美观和起到良好的防污作用。

釉面砖常见的规格有：正方形釉面砖，100mm×100mm、152mm×152mm、200mm×200mm；长方形釉面砖，152mm×200mm、200mm×300mm、250mm×330mm、300mm×450mm等。常用的釉面砖厚度为5~8mm。

① 釉面砖的种类及其特点，见表2-26。

表2-26 釉面砖的种类及其特点

种　类	代　号	特　点
有光彩色釉面砖	YG	釉面光亮晶莹、色彩丰富雅致
石光彩色釉面砖	SHG	釉面半无光、不晃眼、色泽一致、色调柔和
花釉面砖	HY	在同一砖上，施以多种彩釉，经高温烧成。色釉相互渗透，花纹千姿百态
结晶釉面砖	JJ	晶花辉映、纹理多姿
斑纹釉面砖	BW	花纹斑斓、丰富多彩
大理石釉面砖	LSH	具有天然大理石花纹、颜色丰富
白底图案釉面砖	BT	在白色釉面砖上装饰各种彩色图案，经高温烧成，纹样清晰、色彩明朗
色底图案釉面砖	YGT	在有光或石光彩色釉面砖上，装饰各种图案，经高温烧成。具有浮雕、缎光、绒线、彩漆等效果
彩虹、兔毫、金砂、银砂釉面砖	SHGT	砖面辉煌、美丽多姿

② 釉面砖的规格尺寸见表2-27。

表2-27 釉面砖的规格尺寸　　　　　(单位：mm)

图　例		装配尺寸C	产品尺寸A×B	厚度D
模数化		300×250	297×297	厂方自定
		300×250	297×297	
		200×200	197×197	
		200×150	197×148	
		150×150	148×148	5
		150×75	148×73	5
		100×100	98×98	5

（续）

图　　例	装配尺寸 C	产品尺寸 $A \times B$	厚度 D
非模数化		300×200	厂方自定
		300×200	
		200×150	
		152×152	5
		152×75	5
		108×108	5

③ 釉面砖的长度、宽度和厚度的允许偏差，见表 2-28。

表 2-28　釉面砖长度、宽度和厚度允许偏差　　（单位：mm）

尺寸允许偏差	类　　别	无间隔凸缘	有间隔凸缘
长度、宽度	每块砖（2 或 4 条边）的平均尺寸相对于工作尺寸的允许偏差	$L \leq 12\mathrm{cm}$ 时为 ± 0.75 $L > 12\mathrm{cm}$ 时为 0.50	$+0.60$ -0.30
	每块砖（2 或 4 条边）的平均尺寸相对于 10 块试样（20 或 40 条边）平均尺寸的允许偏差	$L \leq 12\mathrm{cm}$ 时为 ± 0.50 $L > 12\mathrm{cm}$ 时为 0.30	± 0.25
厚	每块砖厚度的平均值相对于工作尺寸厚度的最大允许偏差	± 10.0	± 10.0

（3）大理石。我国大理石除云南大理特产外，青岛、北京、江苏、杭州、广东等地也均有出产，常用的产品规格有汉白玉、艾叶青、紫豆瓣、晚霞、云彩、桃红、雪花、橘红、绿豆瓣、金玉等品种。

大理石有各种色彩和花纹，因其色泽美丽，常用于高级建筑物工程中作为墙面、柱面、地面等饰面。

大理石表观密度为 $2700\mathrm{kg/m^3}$ 左右，一般抗压强度为 $100 \sim 150\mathrm{MPa}$，质地较密；但硬度不大，莫氏硬度为 $3 \sim 4$，故大理石较易进行锯解、雕琢和磨光等加工；吸水率小，一般吸水率不超过 1%；耐磨性好；耐久性好，一般使用限为 $40 \sim 100$ 年。纯净大理石为白色，我国常称汉白玉。大理石中一般含有氧化铁、氧化亚铁、云母、石墨、蛇纹石等杂质，使大理石常呈现红、黄、棕、黑、绿等各色斑斓纹理，磨光后极为美丽典雅，常根据其纹理特征赋予高雅的名称，如晚霞、残雪、秋香、秋景、雪野等。多数大理石的主要化学成分为碳酸钙或碳酸镁，易被酸侵蚀，故抗风化性能较差。

大理石分为白云石，菱镁矿（碳酸镁）含量 40% 以上；镁橄榄石，菱镁矿含量 $5\% \sim 40\%$；方解石，菱镁矿含量少于 5%。

天然大理石按形状可分为普型板（PX）和圆弧板（HM）。普型板按规格尺寸偏差、平面度公差、角度公差及外观质量将板材分为优等品（A）、一等品（B）、合格品（C）三个等级。圆弧板按规格尺寸偏差、直线度公差、线轮廓度公差及外观质量将板材分为优等品（A）、一等品（B）、合格品（C）三个等级。

天然大理石的技术要求应符合下列规定。

1）规格尺寸允许偏差。普型板规格尺寸允许偏差见表2-29。圆弧板壁厚最小值应不小于20mm，规格尺寸允许偏差见表2-30。圆弧板各部位名称如图2-36所示。

表2-29　普型板规格尺寸允许偏差　　　　（单位：mm）

项目		允许偏差		
		优等品	一等品	合格品
长度、宽度		0 −1.0		0 −1.5
厚度	≤12	±0.5	±0.8	±1.0
	>12	±1.0	±1.5	±2.0
干挂板材厚度		+2.0 0		+3.0 0

表2-30　圆弧板规格尺寸允许偏差　　　　（单位：mm）

项目	允许偏差		
	优等品	一等品	合格品
弦长	0 −1.0		0 −1.5
高度	0 −1.0		0 −1.5

2）平面度允许公差见表2-31、表2-32。

3）角度允许公差。普型板角度允许公差见表2-33。圆弧板端面角度允许公差：优等品为0.4mm，一等品为0.6mm，合格品为0.8mm。普型板拼缝板材正面与侧面的夹角不得大于90°。圆弧板侧面角应不小于90°。

4）外观质量要求。板材正面的外观缺陷的质量要求见表2-34。

5）物理性能要求。板材物理性能要求见表2-35。

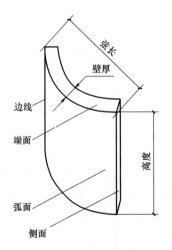

图2-36　圆弧板部位名称

5. 抹灰砂浆

（1）抹灰砂浆的基础知识。一般抹灰工程用的砂浆大面积涂抹于建筑物墙、顶棚、柱等表面的砂浆，包括水泥抹灰砂浆、水泥粉煤灰抹灰砂浆、水泥石灰抹灰砂浆、掺塑化剂水泥抹灰砂浆、聚合物水泥抹灰砂浆及石膏抹灰砂浆等。

表2-31　普型板平面度允许公差　　　　（单位：mm）

板材长度	允许公差		
	优等品	一等品	合格品
≤400	0.2	0.3	0.5
>400且≤800	0.5	0.6	0.8
>800	0.7	0.8	1.0

表 2-32　圆弧板平面度允许公差　　　　　（单位：mm）

项目		允许公差		
		优等品	一等品	合格品
直线度（按板材高度）	≤800	0.6	0.8	1.0
	>800	0.8	1.0	1.2
线轮廓度		0.8	1.0	1.2

表 2-33　普型板角度允许公差　　　　　（单位：mm）

板材长度	允许公差		
	优等品	一等品	合格品
≤400	0.3	0.4	0.5
>400	0.4	0.5	0.7

表 2-34　板材正面的外观缺陷的质量要求

名称	规定内容	优等品	一等品	合格品
裂纹	长度超过 10mm 的不允许条数（条）	0		
缺棱	长度不超过 8cm，宽度不超过 1.5mm（长度≤4mm，宽度≤1mm 不计），每块板允许个数（个）		1	2
缺角	沿板材边长顺延方向，长度≤3mm，宽度≤3mm（长度≤2mm 不计），每块板允许个数（个）			
色斑	面积不超过 6cm²（面积小于 2cm² 不计），每块板允许个数（个）			
砂眼	直径在 2mm 以下		不明显	有，不影响装饰效果

表 2-35　板材物理性能要求

项目		指标
体积密度/(g/cm³)		≥2.30
吸水率(%)		≤0.50
干燥压缩强度/MPa		≥50.0
干燥	弯曲强度/MPa	≥7.0
水饱和		
耐磨度(1/cm³)		≥10

　　抹灰砂浆以薄层抹于建筑表面，其作用是：保护墙体不受风、雨、潮气等侵蚀，提高墙体防潮、防风化、防腐蚀的能力，增加墙体的耐火性和整体性；同时使墙面平整、光滑、清洁美观。

　　抹灰砂浆应具有良好的和易性。和易性良好的砂浆能涂抹成均匀的薄层，而且与底面黏结牢固，这样的砂浆既便于操作，又能保证工程质量。砂浆和易性的好坏取决于砂浆的流动性和保水性。

　　新拌砂浆和易性是指新拌砂浆是否易于在砖、石等表面铺成均匀、连续的薄层，以及与基层紧密黏结的性质。它包括流动性和保水性两方面的含义。流动性又称稠度，是指新拌砂浆在自重或外力作用下产生流动的性质。保水性是指新拌砂浆保持水分的能力。保水性不良的砂浆，使用过程中会出现泌水、流浆，使砂浆和基层黏结不牢，并且因失水而影响砂浆的正常凝结硬化，使砂浆强度降低。

抹灰砂浆配合比是指组成抹灰砂浆的各种原材料的质量比。抹灰砂浆配合比在设计图上均有注明，根据砂浆品种及配合比就可以计算出原材料的用量。计算步骤是：先计算出抹灰工程量（面积），再查取全国统一建筑工程基础定额中相应项目的砂浆用量定额，工程量乘以砂浆用量定额得出砂浆用量，将砂浆用量乘以相应砂浆配合比，即可得出组成原材料用量。

外墙抹灰前应先安装护栏；外墙和顶棚的抹灰层与基层之间及各抹灰层之间黏结必须牢固，无空鼓、裂缝；抹灰应分层进行，水泥抹灰砂浆每层厚度宜为 5～7mm，水泥石灰砂浆每层宜为 7～9mm，并应等前一层达到六七成干后再涂抹后一层。不同材料交接处表面的抹灰，应采取防止开裂的加强措施，加强网应绷紧，避免抹灰层回弹造成空鼓。砂浆配合比应符合设计要求；抹灰凝结前应防止快干、水冲、撞击、振动和受冻，在凝结后应采取措施防止沾污和破坏；水泥砂浆抹好后，常温下 24h 后应喷水养护；冬期施工，为防止砂浆受冻后停止水化，在层与层之间形成隔离层，造成空鼓，施工现场温度应不低于 5℃。

水泥抹灰砂浆强度等级应为 M15、M20、M25、M30；水泥粉煤灰抹灰砂浆强度等级应为 M5、M10、M15；水泥石灰抹灰砂浆强度等级应为 M2.5、M5、M7.5、M10；掺塑化剂水泥抹灰砂浆强度等级应为 M5、M10、M15；聚合物水泥抹灰砂浆强度等级不应小于 M5.0；石膏抹灰砂浆强度等级不应小于 M4.0。

抹灰砂浆设备机械包括砂浆搅拌机、麻刀灰拌和机、淋灰机等。其常用设备如图 2-37、图 2-38 所示。

图 2-37　施工现场砂浆搅拌机

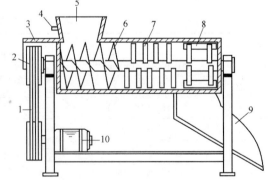

图 2-38　麻刀灰拌和机结构
1—皮带　2—皮带轮　3—防护罩　4—水管
5—进料斗　6—螺旋片　7—打灰板　8—削灰
板　9—出料斗　10—电动机

（2）抹灰砂浆应符合的技术指标要求

1）抹灰砂浆的施工稠度宜按表 2-36 选取。聚合物水泥抹灰砂浆的施工稠度宜为 50～60mm，石膏抹灰砂浆的施工稠度宜为 50～70mm。

表 2-36 抹灰砂浆的施工稠度 （单位：mm）

抹灰层	施工稠度
底层	90 ~ 100
中层	70 ~ 90
面层	70 ~ 80

2）抹灰砂浆配合比的材料用量可按表 2-37 ~ 表 2-41 选用。

表 2-37 水泥抹灰砂浆配合比的材料用量 （单位：kg/m³）

强度等级	水泥	砂	水
M15	330 ~ 380		250 ~ 300
M20	380 ~ 450	1m³ 砂的堆积密度值	
M25	400 ~ 450		
M30	460 ~ 530		

表 2-38 水泥粉煤灰抹灰砂浆配合比的材料用量 （单位：kg/m³）

强度等级	水泥	粉煤灰	砂	水
M5	250 ~ 290			
M10	320 ~ 350	内掺，等量取代水泥量的 10% ~ 30%	1m³ 砂的堆积密度值	270 ~ 320
M15	350 ~ 400			

表 2-39 水泥石灰抹灰砂浆配合比的材料用量 （单位：kg/m³）

强度等级	水泥	石灰膏	砂	水
M2.5	200 ~ 230			
M5	230 ~ 280	（350 ~ 400）—水泥用量	1m³ 砂的堆积密度值	180 ~ 280
M7.5	280 ~ 330			
M10	330 ~ 380			

表 2-40 掺塑化剂水泥抹灰砂浆配合比的材料用量 （单位：kg/m³）

强度等级	水泥	砂	水
M5	260 ~ 300		
M10	330 ~ 360	1m³ 砂的堆积密度值	250 ~ 280
M15	360 ~ 410		

表 2-41 抗压强度为 4.0MPa 石膏抹灰砂浆配合比的材料用量 （单位：kg/m³）

石膏	砂	水
450 ~ 650	1m³ 砂的堆积密度值	260 ~ 400

3）抹灰砂浆的厚度见表 2-42。

表 2-42 抹灰砂浆的厚度

定额编号	项目		砂浆	厚度/mm
2-001	水刷豆石	砖、混凝土墙面	水泥砂浆 1:3	12
			水泥豆石浆 1:1.25	12
2-002		毛石墙面	水泥砂浆 1:3	18
			水泥豆石浆 1:1.25	12
2-005	水刷白石子	砖、混凝土墙面	水泥砂浆 1:3	12
			水泥白石子浆 1:1.5	10
2-006		毛石墙面	水泥砂浆 1:3	20
			水泥白石子浆 1:1.5	10
2-009	水刷玻璃碴	砖、混凝土墙面	水泥砂浆 1:3	12
			水泥玻璃碴浆 1:1.25	12
2-010		毛石墙面	水泥砂浆 1:3	18
			水泥玻璃碴浆 1:1.25	12
2-013	干粘白石子	砖、混凝土墙面	水泥砂浆 1:3	18
2-014		毛石墙面	水泥砂浆 1:3	30
2-017	干粘玻璃碴	砖、混凝土墙面	水泥砂浆 1:3	18
2-018		毛石墙面	水泥砂浆 1:3	30
2-021	剁假石	砖、混凝土墙面	水泥砂浆 1:3	12
			水泥白石子浆 1:1.5	10
2-022		毛石墙面	水泥砂浆 1:3	18
			水泥白石子浆 1:1.5	10
2-025	墙、柱面拉条	砖墙面	混合砂浆 1:0.5:2	14
			混合砂浆 1:0.5:1	10
2-026		混凝土墙面	水泥砂浆 1:3	14
			混合砂浆 1:0.5:1	10
2-027	墙、柱面甩毛	砖墙面	混合砂浆 1:1:6	12
			混合砂浆 1:1:4	6
2-028		混凝土墙面	水泥砂浆 1:3	10
			水泥砂浆 1:2.5	12

注：每增减一遍素水泥浆或108胶素水泥浆，每平方米增减人工0.01工日、素水泥浆或108胶素水泥浆0.0012m³。

4）一般抹灰砂浆厚度调整见表2-43。

表 2-43 一般抹灰层厚度的调整

定额编号	3122	3123	3124	3125	3126	3127	3128
结构名称	抹灰层每层减1mm						
	石灰砂浆	水泥砂浆	混合砂浆	石膏砂浆	TG砂浆	石英砂浆	珍珠岩砂浆

（续）

项目		单位	定额						
基价		元	16	38	27	100	49	40	27
人工费		元	7	8	11	9	8	11	10
材料费		元	8	29	15	90	40	28	16
机械费		元	1	1	1	1	1	1	1
人工	001 综合工日	工日	0.35	0.38	0.52	0.43	0.38	0.51	0.48
材料	4231 水泥砂浆 1:1.5	m³	—	0.12	—	—	—	—	—
	4237 石膏砂浆 1:3	m³	—	—	—	0.1	—	—	—
	4249 混合砂浆 1:1:6	m³	—	—	0.12	—	—	—	—
	4270 TG砂浆 1:6:0.2	m³	—	—	—	—	0.12	—	—
	4267 水泥石英混合砂浆	m³	—	—	—	—	—	0.12	—
	4268 1:0.2:1.5	m³	—	—	—	—	—	—	0.12
	4284 水泥珍珠砂浆 1:8	m³							
	2320 石灰砂浆 1:3	m³	0.11	0.01	0.01	—	0.01	0.01	0.01
	水		0.01	—	—	0.01	—	—	—
机械	3342 灰浆搅拌机 200L	台班	0.02	0.02	0.02	0.02	0.02	0.02	0.02

必备知识点3 抹灰工程的分类和组成

1. 抹灰工程的分类

（1）根据建筑物所使用的材料和装饰效果不同，抹灰工程分为一般抹灰、砂浆装饰抹灰和石碴装饰抹灰三种。

一般抹灰。一般抹灰是指用水泥混合砂浆、石灰砂浆、水泥砂浆、聚合物水泥砂浆、膨胀珍珠岩水泥砂浆和麻刀灰、纸筋灰、石膏灰等材料的抹灰工程。按其适用范围、抹灰组成层数、操作工序和表面质量要求分为普通抹灰、中级抹灰和高级抹灰。

砂浆装饰抹灰。装饰抹灰的底层和中层与一般抹灰相同，但其面层材料往往有较大区别，装饰抹灰的面层材料主要有：水泥石子浆、水泥砂浆、聚合物水泥砂浆等。装饰抹灰施工时常常需要采用较特殊的施工工艺，如水刷石、斩假石、干粘石、假面砖、喷涂、滚涂、弹涂等。装饰抹灰较充分地利用所用材料的质感、色泽等获得美感，能形成较多的形状、纹路和轮廓。

特殊抹灰。为了满足某些特殊的要求（如保温、耐酸、防水等）而采用保温砂浆、耐酸砂浆、防水砂浆等进行的抹灰。

（2）抹灰工程按房屋建筑部位可分为室内抹灰和室外抹灰。

室内抹灰一般包括顶棚、墙面、楼地面、踢脚板、楼梯等。

室外抹灰一般包括屋檐、女儿墙、压顶、窗楣、窗台、腰线、阳台、雨篷、勒脚以及墙面等。

（3）抹灰工程按抹灰层次分类与厚度技术标准。

抹灰层是由底层灰、中层灰及面层灰组成，底层灰主要起与基层表面黏结和初步找平作用，而面层灰主要起装饰美化作用。

底层灰的厚度一般为 5 ~ 9mm，中层灰的厚度一般为 5 ~ 9mm，而面层灰厚度应由面层的使用材料而定。在赶平压实后，对于麻刀石灰浆罩面，其厚度不大 3mm；对于纸筋石灰浆或石膏灰浆罩面，其厚度不大于 2mm；水泥砂浆面层和装饰面层不大于 10mm。

（4）抹灰工程按工艺类型分类分为艺术抹灰、装饰抹灰、饰面黏结与安装、机械喷涂抹灰。

艺术抹灰主要用于高级建筑的室内和室外的局部工程。用模具扯出的复杂线型和用推模或翻模的方法做出装饰花饰，来装饰建筑物的阴阳角、踢脚、门窗套、柱帽、大梁等部位，起到美化和艺术的渲染作用。

装饰抹灰一般用于室外不同部位的施工，具有较好的装饰效果。例如，水刷石、干粘石、斩假石、拉毛灰、甩毛灰、刷涂、弹涂等。

饰面粘贴与安装主要是饰面板材的施工。它包括瓷砖、面砖、马赛克、缸砖、水磨石板、大理石和花岗岩的施工。主要施工工艺采用粘贴法、安装法和干挂法。施工方法的选择要依据板材或块材尺寸的大小和施工的高度。

机械喷涂抹灰是把搅拌好的砂浆，经振动筛后倾入灰浆输送泵，通过管道，再借助于空气压缩机的压力，把灰浆连续均匀地喷涂于墙面和顶棚上，再经过找平搓实，完成抹灰饰面。机械喷涂适用于内外墙和顶棚石灰砂浆、混合砂浆和水泥砂浆抹灰的底层和中层抹灰。机械喷涂抹灰的机具设备有砂浆输送泵、组装车、管道、喷枪及常用抹灰工具等。

2. 抹灰的组成

抹灰层分为底层、中层和面层。

底层主要起与基层的黏结和初步找平作用。所使用砂浆的稠度为 10 ~ 12mm，按照基层材料的不同而用不同的做法。

中层主要起找平作用。所使用砂浆的稠度为 70 ~ 80mm，所用的材料和做法基本上与底层的相同。根据施工质量要求可一次抹成，也可分遍进行。

面层主要起装饰作用。使用砂浆的稠度为 100mm。室内一般采用麻刀灰、纸筋灰、玻璃丝灰，较高级墙面也可用石膏灰浆或水泥砂浆等；室外常用水泥砂浆、水刷石、干粘石、剁假石、拉毛、洒毛等。要求做到大面平整、无裂痕和颜色均匀一致。

实践技能

实践技能 1　抹灰工程常用机具操作

常用的抹灰小型机具有砂浆搅拌机（又称灰浆搅拌机）、地坪抹光机、水磨石机等。

（1）砂浆搅拌机。砂浆搅拌机在使用前应了解砂浆搅拌机的性能，经培训合格后，方可允许单独操作。使用前应注意电动机和轴承的温度，电动机温度不得超过规定值，轴承温度一般不高于 60℃。注意进出料装置的灵活程度，以保证按安全操作。注意加料量不能超过规定容量，并应在正常的转速下加料。如果中途停机，应在重新启动前，将拌筒中的材料倒出来，以免增加启动负荷。传动皮带轮和齿轮必须设有防护罩。搅拌叶片达到正常转数后，方可加料。搅拌过程中严禁用手、木棒拔刮拌筒口砂浆，出料的时候应用卸料手柄。搅拌机运转不正常，应停机检查，严禁开机修理。工作结束后，锁好电门开关箱。

（2）灰浆搅拌机。灰浆搅拌机开机前检查各部件是否正常，防护装置是否齐全有效，确认无异常，方可试运转。严禁运转中把工具伸进搅拌机筒内扒料。运转中严禁维修保养，发现异常必须先停机，拉闸断电，锁好电闸箱后再排除故障。

（3）地坪抹光机。抹光机使用前，应仔细检查电气开关和导线的绝缘情况。因为施工场地水多，地面潮湿，导线最好用绳子悬挂出来，不要随着机械移动在地面上拖拉，以防止发生漏电，造成触电事故。

使用前还应对机械部分进行检查，检查抹刀以及工作装置是否安装牢固，螺栓、螺母等是否拧紧，传动件是否灵活有效，同时还应充分地进行润滑。工作前应先试运转，待转速达到正常时再放落到工作部位。工作中当发现零件有松动或声音不正常的时候，必须立即停机检查，以免发生机械损坏和伤人事故。

机械长时间工作后，如发生电动机或传动部位过热的现象，必须停机冷却后再工作。操作抹光机的时候，应穿胶鞋、戴绝缘手套，以防触电。每班工作结束后，要切断电源，并将抹光机放到干燥处，防止电动机受潮。

（4）单盘磨石机。使用前，应先检查电器、开关、导线的情况，必须安全可靠；检查磨石是否装牢固，磨石最好在夹爪和磨石之间垫以木楔，不要直接硬卡，以免在运转中发生松动；注意润滑各部销轴，磨石机一般每隔200～400工作小时进行一级保养。在一级保养中，拆检电动机、减速箱、磨石夹具以及走行机构和调节子轮等。检查无误后加注新的润滑油（脂），磨石装进夹具的深度不能小于15mm，减速箱的油封必须良好，否则应予更换。

实践技能2　抹灰工程常用材料的使用

1. 石灰、石膏和水玻璃的适用范围

（1）石灰。石灰可用来配制水泥石灰混合砂浆、石灰砂浆等，拌制灰土或三合土，生产硅酸盐制品。

1）配制水泥石灰混合砂浆、石灰砂浆等。用熟化并"陈伏"好的石灰膏和水泥、砂配制而成的混合砂浆是目前用量最大、用途最广的砌筑砂浆。用石灰膏和砂或麻刀或纸筋配制成的石灰砂浆、麻刀灰、纸筋灰，广泛用作内墙、顶棚的抹面砂浆。此外，石灰膏还可释成石灰乳，用作内墙和顶棚的粉刷涂料。

2）拌制灰土或三合土。将消石灰粉和黏土按一定比例拌和均匀、夯实而形成灰土。灰土和三合土广泛用作基础、路面或地面的垫层，它的强度和耐水性远远高出石灰或黏土。石灰改善了黏土可塑性，在强夯之下，密实度提高也是其强度和耐水性改善的原因之一。三合土，一种建筑材料。它由石灰、黏土和细砂所组成，其实际配比视泥土的含砂量而定。经分层夯实，三合土具有一定强度和耐水性，多用于建筑物的基础或路面垫层。

3）生产硅酸盐制品。以磨细生石灰（或消石灰粉）或硅质材料（如石英砂、粉煤灰、矿渣等）为原料，加水拌和，经成型、蒸压处理等工序而成的材料统称为硅酸盐制品，多用作墙体材料。

（2）石膏。石膏主要用于室内抹灰、生产建筑石膏制品等。

1）室内抹灰。由建筑石膏或由建筑石膏与无水石膏混合后再掺入外加剂、细骨料等可制成抹灰石膏。按用途分为面层抹灰石膏（F）、底层抹灰石膏（B）、轻质底层抹灰石膏（L）和保温层抹灰石膏（T）四类。抹灰石膏是一种新型室内抹灰材料，既具有建筑石膏快

硬早强、尺寸稳定、吸湿、防火、轻质等优点，又不会产生开裂、空鼓和起皮现象。不仅可在水泥砂浆或混合砂浆上罩面，还可用在混凝土墙、板、顶棚等光滑的底层上。抹灰后的墙面致密光滑，质地细腻，且施工方便，工效高。

2）生产建筑石膏制品。建筑石膏除用于室内粉刷外，主要用于生产各种石膏板和石膏砌块等制品。石膏板具有轻质、高强、隔热保温、吸音和不燃等性能，且安装和使用方便，是一种较好的新型建筑材料，广泛用作各种建筑物的内隔墙：顶棚及各种装饰面。我国目前生产的石膏板主要有纸面石膏板、石膏空心条板、石膏装饰板、纤维石膏板及石膏吸音板等。石膏砌块是一种自重轻、保温隔热、隔声和防火性能好的新型墙体材料，有实心、空心和夹心三种类型。在建筑石膏中掺入耐水外加剂（如有机硅憎水剂等）可生产耐水建筑石膏制品；掺入无机耐火纤维（如玻璃纤维）可生产耐火建筑石膏制品。建筑石膏在运输和贮存中，需要防雨防潮，贮存期为 3 个月。过期或受潮的石膏，强度显著降低，需经检验后才能使用。

3）其他用途。建筑石膏可作为生产某些硅酸盐制品时的增强剂，如粉煤灰砖、炉渣制品等，也可用作油漆或粘贴墙纸等的基层找平。

（3）水玻璃。水玻璃主要用于粉刷材料表面提高其抗风化能力，加固土壤，配置快凝防水剂，配置耐酸胶泥、耐酸砂浆和耐酸混凝土。

1）涂刷材料表面，提高抗风化能力。水玻璃溶液涂刷或浸渍材料后，能渗入缝隙和孔隙中，固化的硅凝胶能堵塞毛细孔通道，提高材料的密度和强度，从而提高材料的抗风化能力。但水玻璃不得用来涂刷或浸渍石膏制品。因为水玻璃与石膏反应生成硫酸钠（Na_2SO_4），在制品孔隙内结晶膨胀，导致石膏制品开裂破坏。

2）加固土壤。将水玻璃与氯化钙溶液交替注入土壤中，两种溶液迅速反应生成硅胶和硅酸钙凝胶，起到胶结和填充孔隙的作用，使土壤的强度和承载能力提高。常用于粉土、砂土和填土的地基加固，称为双液注浆。

3）配置快凝防水剂。以水玻璃为防水基料，加入两种、三种或者四种矾配置成两矾、三矾或四矾快凝防水剂。这种防水剂凝结速度一般不超过一分钟。工程上利用它的速凝作用和黏附性，掺入水泥浆、砂浆或混凝土中，用于修补、堵漏、抢修、表面处理用。因为凝结迅速，不宜拌制水泥防水砂浆，用作屋面或地面的刚性防水层。

4）配制耐酸胶泥、耐酸砂浆和耐酸混凝土。耐酸胶泥是用水玻璃和耐酸粉料（常用石英粉）配制而成。与耐酸砂浆和混凝土一样，主要用于有耐酸要求的工程。

除以上介绍的用途以外，水玻璃还用于配制耐热胶泥、耐热砂浆和耐热混凝土等。

2. 骨料使用技术要求

（1）混凝土用砂技术要求。包括砂的物理性质、砂的颗粒级配、有害杂质含量和坚固性。

1）砂的物理性质。砂的物理性质主要包括砂的表观密度、堆积密度、紧密密度和空隙率、砂的含水率、砂的溶胀等内容，见表2-44。

2）砂的颗粒级配。砂子的颗粒级配，表示砂子中各级大小颗粒的分配情况。在混凝土拌合料中，水泥浆首先要包裹砂子颗粒表面，并填充砂粒之间的空隙。砂子间空隙越小，砂子总表面积越小，水泥用量则越少。好的砂子颗粒级配可使单位体积内砂子中的总表面积和空隙都降至最低值。

表 2-44 砂的物理性质

序号	砂的物理性质		说明
1	砂的表观密度、堆积密度、紧密密度和空隙率	表观密度	砂的表观密度的大小,取决于砂的矿物的表观密度、孔隙的数量。一般天然砂的表观密度为 2.6~2.7g/cm³
		堆积密度和紧密密度	砂的堆积密度大小,反映砂在自然堆积情况下的空隙率。堆积密度越大,意味着需要用水泥浆填充的空隙越少。一般干砂在自然状态下的堆积密度为 1400~1600kg/m³,捣实后的紧密密度为 1600~1700kg/m³
		空隙率	砂的空隙率,与砂颗粒形状,颗粒级配有关,带有棱角的砂特别是含片状颗粒较多的或级配不良的砂,空隙率大。一般混凝土用砂的空隙率为 40%~45%,级配好的砂可在 35%~37% 左右。空隙率越小,填充砂的空隙所需的水泥浆越少,可节约水泥
2	砂的含水率		砂中所含全部水的质量,以干砂质量的百分数表示时称为砂的含水率。根据砂的含水状态不同,通常可以分为四种:绝对干燥、风干、饱和面干、潮湿 拌制混凝土时,由于砂的含水量不同,会影响混凝土的用水量和砂用量。一般以绝对干燥为基准,用百分率来表示,称为全干含水率 当砂的颗粒表面干燥,而颗粒内部孔隙含水饱和时,为饱和面干状态。此时的含水率称为饱和面干含水率。计算混凝土各项材料的用量时,常以饱和面干砂为准,因为在这种状态下的砂,既不从混凝土拌合物中吸取水分,也不会给混凝土拌合物中带入水分,能够比较严格地控制混凝土的用水量。但施工现场的砂一般都是湿的,其含水量往往超过饱和面干状态,则应测定现场用砂的表面含水率以调整混凝土用水量
3	砂的溶胀		潮湿的砂,各颗粒表面包裹一层水膜、引起砂的体积显著增加,这种现象称为砂的溶胀。在按体积比配制混凝土时,若忽视砂的溶胀现象,将造成混凝土拌合物因缺砂而产生离析等现象。 溶胀的程度取决于砂的含水率和细度。砂的含水率增加 5%~8% 时,砂的体积将增加 20%~30% 或更大。当含水率再增大时,水的自重超过砂粒表面对水的吸附作用而发生流动,并迁移到砂粒间的空隙中,砂粒表面的水膜消失,这时砂的体积将随含水率的增加而逐渐减小。在施工现场,露天堆放的砂。常含有一定水分,其体积经常变化。若按砂的体积配制混凝土时,则应事先测定各种含水率时砂的体积换算系数(即湿砂体积与干砂体积之比),以便随时进行换算调整

砂子的总表面积是由砂子粗细程度决定的。砂子粗细程度是用细度模数表示。砂子级配最好是粗粒砂空隙由中粒砂填充,中粒砂空隙再由细粒砂填充。颗粒间互相填充,就使砂的孔隙率达到最小。因此,要想减少砂粒间空隙,就必须由大小不同的颗粒相搭配。

砂的粗细程度与颗粒级配是砂子质量的重要指标,一般用筛分析的方法进行测定。用级配区表示砂子的颗粒级配,用细度模数表示砂子的粗细程度。

筛分析是用一套孔径不同的标准筛进行筛分,如用圆孔筛,孔径有 5mm、2.5mm、1.25mm、0.63mm、0.315mm 和 0.16mm 等 6 种。将 500g 重的干砂试样由粗到细依次过筛,然后称得各筛上残留砂的质量叫分计筛余量。各分计筛余量占砂样总质重的百分率称为分计筛余百分率，以 a_1、a_2、a_3、a_4、a_5、a_6 表示。各筛上的分计筛余百分率，以及所有孔径大于该筛的分计筛余百分率之和称为该筛的累计筛余百分率，以 A_1、A_2、A_3、A_4、A_5、A_6 表示。累计筛余百分率与分计筛余百分率的关系见表 2-45。

表 2-45 累计筛余百分率与分计筛余百分率的关系

筛孔尺寸/mm	分计筛余率（%）	累计筛余率（%）
5.0	$a_1 = (m_1/m_s) \times 100\%$	$A_1 = a_1$
2.5	$a_2 = (m_2/m_s) \times 100\%$	$A_2 = a_1 + a_2$
1.25	$a_3 = (m_3/m_s) \times 100\%$	$A_3 = a_1 + a_2 + a_3$
0.63	$a_4 = (m_4/m_s) \times 100\%$	$A_4 = a_1 + a_2 + a_3 + a_4$
0.315	$a_5 = (m_5/m_s) \times 100\%$	$A_5 = a_1 + a_2 + a_3 + a_4 + a_5$
0.16	$a_6 = (m_6/m_s) \times 100\%$	$A_6 = a_1 + a_2 + a_3 + a_4 + a_5 + a_6$

注：m_1、m_2……m_6 分别为筛孔 4.75mm、2.36mm……150μm 各筛筛分余量（分计筛余）；m_s 为试样总量（即 500g）。

细度模数 M_x，可按下式计算

$$M_x = (A_2 + A_3 + A_4 + A_5 + A_6 - 5A_1)/(100 - A_1)$$

细度模数这一数字指标表示砂子颗粒的粗细程度，在应用上较为方便。细度模数越大，表示砂子越粗。按细度模数的不同，砂子可分为下列几种：

粗砂：$M_x = 3.1 \sim 3.7$；

中砂：$M_x = 2.3 \sim 3.0$；

细砂：$M_x = 1.6 \sim 2.2$；

特细砂：$M_x = 0.7 \sim 1.5$。

现行《普通混凝土用砂石、质量及检验方法标准》（JGJ 52—2006）规定，对细度模数 1.6 ~ 3.7 的普通混凝土用砂，根据 0.63mm 筛孔的累计筛余量，分成三个级配区，如表 2-46。混凝土用砂的颗粒级配，应处于表 2-46 的任何一个级配区内。

表 2-46 砂颗粒级配区（JGJ 52—2006）

筛孔尺寸/mm	Ⅰ区	Ⅱ区	Ⅲ区
	累计筛余量（%）		
10.00	0	0	0
5.0	10 ~ 0	10 ~ 0	10 ~ 0
2.50	35 ~ 5	25 ~ 0	15 ~ 0
1.25	65 ~ 35	50 ~ 10	25 ~ 0
0.63	85 ~ 71	70 ~ 41	40 ~ 16
0.315	95 ~ 80	92 ~ 70	85 ~ 55
0.16	100 ~ 90	100 ~ 90	100 ~ 90

表 2-46 中所列累计筛余百分率，除 5mm 和 0.63mm 筛号外，其他筛号允许超出分界线，但总量不应大于 5%。

从表 2-46 中可以看出，Ⅰ区粗砂颗料较多，基本上属于粗砂；Ⅱ区粗细适中，基本上属于中砂；Ⅲ区细砂颗粒较多，基本上属于细砂。

配制混凝土时宜优先选用Ⅱ区砂。当采用Ⅰ区砂时，应提高砂率，并保持足够的水泥用量，满足混凝土的和易性；当采用Ⅲ区砂时，宜适当降低砂率；当采用特细砂时，应符合相应的规定。

配制泵送混凝土，宜选用中砂。

如果砂子的天然级配不合格，就需要采用人工级配的方法来改善，最简单的措施是将粗细砂按适当比例掺和使用。

3）有害杂质含量。砂中有害物质是指云母、有机物、硫化物等。砂中有害杂质含量应符合表 2-47 的规定。

表 2-47 有害物质限值

项目	质量指标
云母含量（按质量计,%）	≤2.0
轻物质含量（按质量计,%）	≤1.0
硫化物及硫酸盐含量（折算成 SO_3 按质量计,%）	≤1.0
有机物含量（用比色法试验）	颜色不应深于标准色,当颜色深于标准色时,应按水泥胶砂强度试验方法进行强度对比试验,抗压强度比不应低于 0.95

4）坚固性。天然砂采用硫酸钠溶液进行试验，砂样经过 5 次循环后其质量损失应符合表 2-48 的规定。

表 2-48 坚固性指标

混凝土所处的环境条件及其性能要求	5 次循环后的质量损失（%）
在严寒及寒冷地区室外使用并经常处于潮湿或干湿交替状态下的混凝土 对于有抗疲劳、耐磨、抗冲击要职的混凝土 有腐蚀介质作用或经常处于水位变化区的地下结构混凝土	≤8
其他条件下使用的混凝土	≤10

（2）混凝土用石子的技术要求。要求包括石子的颗粒级配、石子的最大粒径、强度和有害杂质含量。

1）石子的颗粒级配。指石子中各级粒径大小颗粒的分布混合情况。级配对于混凝土的和易性、经济性有显著影响，对于混凝土强度、抗渗性、耐久性等也有一定影响，一般来说，较好的骨料级配应当是：空隙率小，以减少水泥用量并保证密实度；总表面积小，以减少湿润骨料表面的需水量；有适量的细颗粒以满足和易性的要求。骨料级配一般是按规定的方法用标准筛进行筛分试验而确定的。国家行业标准根据实际需要和结合我国的资源情况，定出一个大致的骨料级配合理范围，见表 2-49。级配可以调整。当骨料级配不符合规定时，

表 2-49 碎石或卵石的颗粒级配范围

级配情况	公称粒径/mm	累计筛余（质量分数,%）											
		筛孔尺寸（圆孔筛）/mm											
		2.50	5.00	10.0	16.0	20.0	25.0	31.5	40.0	50.0	63.0	80.0	100
连续粒级	5～10	95～100	80～100	0～15	0	—	—						
	5～16	95～100	90～100	30～60	0～10	0	—						
	5～20	95～100	90～100	40～70	—	0～10	0						
	5～25	95～100	90～100	—	30～70	—	0～5	0					
	5～31.5	95～100	90～100	70～90	—	15～45	—	0～5	0				
	5～40	—	95～100	75～90	—	30～65	—	—	0～5	0			

（续）

级配情况	公称粒径/mm	累计筛余（质量分数,%）											
		筛孔尺寸（圆孔筛）/mm											
		2.50	5.00	10.0	16.0	20.0	25.0	31.5	40.0	50.0	63.0	80.0	100
单粒级	10 ~ 20	—	95 ~ 100	85 ~ 100	—	0 ~ 15	0	—	—	—	—	—	—
	16 ~ 31.5	—	95 ~ 100	—	85 ~ 100	—	—	0 ~ 10	0	—	—	—	—
	20 ~ 40	—	—	95 ~ 100	—	80 ~ 100	—	—	0 ~ 10	0	—	—	—
	31.5 ~ 63	—	—	—	95 ~ 100	—	—	75 ~ 100	45 ~ 75	—	0 ~ 10	0	—
	40 ~ 80	—	—	—	—	95 ~ 100	—	—	70 ~ 100	—	30 ~ 60	0 ~ 10	0

注：公称粒径的上限为粒级的最大粒径。

可以通过分级过筛重新加以组合，或将不同级配的骨料混合使用以调整改变骨料的级配。

石子的级配有两种：即连续级配及间断级配（单粒级）。

连续级配是颗粒尺寸由大到小连续分级，每一级骨料都占有适当的比例。如近似球形的骨料，当其粒径均匀时，则颗粒之间空隙体积大，如图 2-39a 所示。当粒径分布在一定范围时，大颗粒之间的空隙由小颗粒来填充，如图 2-39b 所示。采用合格的连续级配骨料配制混凝土，和易性好，不易发生分层和离析现象。连续级配在工程中采用比较广泛，但连续级配空隙率比间断级配大。

间断级配是为了减少空隙率，人为地剔除骨料中的某些粒级，如图 2-39c、d 所示，造成颗粒粒级间断，颗粒尺寸的大小是不连续的，大颗粒与小颗粒间有相当大的"空档"。大颗粒骨料之间的空隙由小许多的小粒径颗粒来填充，使空隙率达到最小，密实性增加，可节约水泥。但由于颗粒粒径相差较大，混凝土拌合物容易产生分层离析。间断级配曲线如图 2-40 所示。

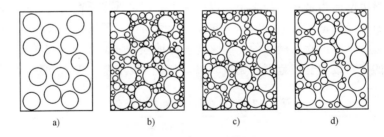

图 2-39 骨料颗粒组合骨料分级示意图
a）大小均匀 b）连续级配 c）间断级配的骨料 d）无颗粒的级配

2）石子的最大粒径。最大粒径（D_{max}）：粗骨料公称粒级的上限称为该粒级的最大粒径（D_{max}）。当骨料粒径增大时，其总表面积随之减少，因此，保证一定厚度润滑层所需的水泥浆或砂浆的用量也相应地减少，所以粗骨料的最大粒径在条件许可的情况下，可尽量用得大些。试验表明，最佳的最大粒径取决于混凝土的水泥用量。在水泥用量少的混凝土中（每立方米混凝土的水泥用量不超过 170kg），采用大骨料有利。但在普通配合比的结构混凝土中，骨料粒径大于 40mm 并无好处，同时骨料的最大粒径还受结构形式和配筋疏密限制。

根据现行《混凝土结构工程施工规范》（GB 50666—2011）规定，混凝土用的粗骨料，其最大颗粒粒径不得超过结构截面最小尺寸的 1/4，且不得超过钢筋最小间距的 3/4，对混凝土实心板，骨料的最大粒径不宜超过板厚的 1/3，且不得超过 40mm。

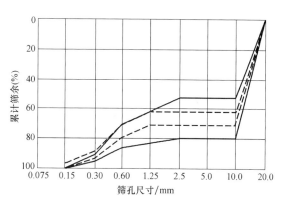

图 2-40　间断级配曲线图

3）强度。为保证混凝土的强度要求，粗骨料必须具有足够的强度。碎石或卵石的强度，可用岩石立方体强度和压碎指标两种方法表示。岩石的抗压强度应比所配制的混凝土强度至少高 20%。当混凝土强度等级大于或等于 C60 时，应进行岩石抗压强度检验。岩石强度首先应由生产单位提供，工程中可采用压碎值指标进行质量控制。岩石抗压强度不应小于混凝土抗压强度的 1.5 倍，而且对于火成岩其强度不宜低于 80MPa，变质岩不宜低于 60MPa，水成岩不宜低于 45MPa。压碎指标是将一定质量气干状态下粒径 10 ~ 20mm 的石子装入一标准圆筒内，放入压力机上，在 3 ~ 5min 内均匀加荷达 200kN，卸荷后称取试样质量 m_0，然后用孔径为 2.5mm 的筛筛除被压碎的细粒，再称取剩余在筛上的试样质量 m_1，压碎指标在 δ_a 可按下式计算

$$\delta_a = [(m_0 - m_1)/m_0]/ \times 100\%$$

压碎指标 δ_a 越小，表示粗骨料抵抗受压破坏的能力越强。

4）有害杂质含量。碎石或卵石中的硫化物和硫酸盐，以及卵石中的有机质等均属有害物质。当怀疑碎石或卵石中因含有无定形二氧化硅而可能引起碱-骨料反应时，应根据混凝土结构或构件的使用条件，进行专门试验，以确定是否可用。

实践技能 3　抹灰工程技术要求

1. 抹灰工程的技术指标

（1）一般抹灰的允许偏差和检验，见表 2-50。

表 2-50　一般抹灰的允许偏差和检验方法

序号	项目	允许偏差/mm		检验方法
		普通抹灰	高级抹灰	
1	立面垂直度	4	3	用 2m 垂直检测尺检查
2	表面平整度	4	3	用 2m 靠尺和塞尺检查
3	阴阳角方正	4	3	用直角检测尺检查
4	分格条（缝）直线度	4	3	拉 5m 线，不足 5m 拉通线，用钢直尺检查
5	墙裙、勒脚上口直线度	4	3	拉 5m 线，不足 5m 拉通线和尺量检查

（2）装饰抹灰的允许偏差和检验方法，见表 2-51。

2. 抹灰层的一般做法与厚度

（1）抹灰层的一般做法。主要包括底层、中层和面层的做法。

1）底层。底层主要起与基层的黏结和初步找平作用。所使用砂浆的稠度为 90 ~ 110mm，按照基层材料的不同而用不同的做法。

表 2-51　装饰抹灰的允许偏差和检验方法

项次	项目	允许偏差/mm				检验方法
		水刷石	斩假石	干粘石	假面砖	
1	立面垂直度	5	4	5	5	用 2m 垂直检测尺检查
2	表面平整度	3	3	5	4	用 2m 靠尺和塞尺检查
3	阳角方正	3	3	4	4	用直角检测尺检查
4	分格条(缝)直线度	3	3	3	3	拉 5m 线,不足 5m 拉通线,用钢直尺检查
5	墙裙、勒脚上口直线度	3	3	—	—	拉 5m 线,不足 5m 拉通线,用钢直尺检查

① 基层为砖墙。室内墙面一般采用石灰砂浆或水泥混合砂浆打底；室外墙面、门窗洞口外侧壁、屋檐、勒脚、压檐墙等及湿度较大的房间和车间宜采用水泥砂浆或水泥混合砂浆。

② 基层为混凝土。宜先刷素水泥浆一道，采用水泥砂浆或混合砂浆打底，高级装修顶板宜用乳胶水泥砂浆打底。

③ 基层为加气混凝土。宜用水泥混合砂浆、聚合物水泥砂浆或掺增稠粉的水泥砂浆打底。打底前先刷一遍胶水溶液。

④ 基层为硅酸盐砌块。宜用水泥混合砂浆或掺增稠粉的水泥砂浆打底。

⑤ 基层为木板条、苇箔、金属网基层。宜用麻刀灰、纸筋灰或玻璃丝灰打底，并将灰浆挤入基层缝隙内，以加强拉结。

⑥ 基层为平整光滑的混凝土基层，如顶棚、墙体。可不抹灰，采用刮粉刷石膏或刮腻子处理。

2）中层。中层主要起找平作用。所使用砂浆的稠度为 70 ~ 90mm，所用的材料和做法基本上与底层的相同。但根据施工质量要求可一次抹成，也可分遍进行。

中层的基层材料包括石灰砂浆、石灰炉渣浆、水泥砂浆、混合砂浆、木板条、钢丝网。

中层抹灰基本与底层相同，砖墙则采用麻灰刀、纸筋灰或粉刷石膏，根据施工质量要求可以一次抹成，也可分遍进行。

3）面层。面层主要起装饰作用，使用砂浆的稠度为 70 ~ 80mm。室内一般采用麻刀灰、纸筋灰、玻璃丝灰，较高级墙面也可用石膏灰浆或水泥砂浆等；室外常用水泥砂浆、水刷石、干粘石、剁假石、拉毛、洒毛等。要求做到大面平整、无裂痕和颜色均匀一致。

面层要求平整、无裂痕，颜色要求均匀；室内一般采用麻刀灰、纸筋灰、玻璃丝灰或粉刷石膏；高级墙面用石膏灰；室外常用水泥砂浆、水刷石、干粘石等。

（2）抹灰层的厚度要求，见表 2-52。

控制抹灰层平均总厚度的目的，主要是防止抹灰层脱落。

顶棚抹灰，抹灰层靠抹灰砂浆（或灰浆）与顶棚面的黏结力，使抹灰层能黏在顶棚面上，当抹灰层过厚，抹灰层的自重超过黏结力时，抹灰层就会自动掉下来。又由于黏结力的大小与顶棚面光滑程度有关，顶棚面越光滑黏结力就越小。因此，板条、空心砖、现浇混凝土顶棚面的抹灰层控制厚度比预制混凝土顶棚面要小些。若顶棚面有金属网，由于网格内能嵌入砂浆,增加了拉结力,在金属网上抹灰层厚度可以大些。

表 2-52　抹灰层总厚度要求

部　　位	基层材料或等级标准	抹灰层平均总厚度/mm
内墙	普通抹灰	18
	中级抹灰	20
	高级抹灰	25
外墙	普通抹灰	20
顶棚	板条、现浇混凝土、空心砖	15
	预制混凝土	18
	金属钢	20
石墙	普通抹灰	35
勒脚及突出墙面部分	普通抹灰	25

　　墙面抹灰,抹灰层靠抹灰砂浆与墙面的黏结力以及抹灰层与墙面间摩擦力,使抹灰层能黏在墙面上。当抹灰层厚度过厚,抹灰层自重超过摩擦力与黏结力之和时,抹灰层就会掉下来。又由于黏结力和摩擦力与墙面光平程度有关,墙面越粗糙,黏结力和摩擦力就越大,因此,石墙面抹灰层控制厚度要比砖墙面大些。内墙面抹灰层控制厚度,应根据抹灰等级而定,高级抹灰控制厚度要比普通抹灰大些,这是由于高级抹灰的表面平整度要求比普通抹灰高些,即表面平整允许偏差要小些。抹灰层的表面平整是靠砂浆层厚度来调整的,表面平整度越高用以调整的砂浆层厚度应越宽裕。

实例提示

陶瓷马赛克地面施工

　　作业条件:墙面抹灰做完并弹好+50cm水平高线;穿过地面的套管已作完,管洞可以用豆石混凝土堵塞密实。

　　工艺流程:清理基层、弹线→刷水泥素浆→水泥砂浆找平层→水泥浆结合层→铺贴陶瓷马赛克→修理→刷水、揭纸→拨缝→灌缝→养护。

　　清理基层、弹线:将基层清理干净,表面灰浆皮要铲掉、扫净。将水平标高线弹在墙上。

　　刷水泥素浆:在清理好的地面上均匀洒水,然后用笤帚均匀洒刷水泥素浆(水胶比为0.5)。刷的面积不得过大,须与下道工序铺砂浆找平层紧密配合,随刷水泥浆随铺水泥砂浆。

　　冲筋:以墙面+50cm水平标高线为准,测出面层标高,拉水平线做灰饼,灰饼上平为陶瓷马赛克下皮,然后进行冲筋,在房间中间每隔1m冲筋一道。有地漏的房间按设计要求的坡度找坡,冲筋应朝地漏方向呈放射状。做冲筋后用1:3干硬性水泥砂浆铺设找平层。

　　找方正、弹线:找平层抹好24h后或抗压强度达到1.2MPa后,在找平层上量测房间内长宽尺寸,在房间中心弹十字控制线,根据设计要求的图案结合陶瓷马赛克每联尺寸,计算出所铺贴的张数,不足整张的应甩到边角处,不能贴到明显部位。

　　做水泥砂浆结合层:在砂浆找平层上,浇水湿润后,抹一道2~2.5mm厚的水泥浆结合层（宜掺水泥重量20%的108胶），应随抹随贴，面积不要过大。

铺陶瓷马赛克：宜整间一次镶铺连续操作，如果房间大一次不能铺完，须将接槎切齐，余灰清理干净。具体操作时应在水泥浆尚未初凝时开始铺陶瓷马赛克（背面应洁净），从里向外沿控制线进行，铺时先翻起一边的纸，露出锦砖以便对正控制线，对好后立即将陶瓷马赛克铺贴上（纸面朝上）；紧跟着用手将纸面铺平，用拍板拍实（人站在木板上），使水泥浆渗入到马赛克的缝内，直至纸面上显露出砖缝水印时为止。继续铺贴时不得踩在已铺好的马赛克上，因此应退着操作。铺好的陶瓷马赛克如图2-41所示。

图2-41 铺好的陶瓷马赛克

小经验

1. 硅酸盐水泥的特点有哪些？

答：硅酸盐水泥凝结硬化快；早期强度及后期强度均较高；抗冻性能较好；抗碳化性能好；水化热大；干缩小、耐磨性好，不易产生干缩裂缝；耐磨蚀性差；耐热性差。

2. 水泥如何验收？水泥受潮后，能否再使用，如何处理？

答：水泥到货后应根据供货单位发货明细表或入库通知单及产量合格证，分别检查水泥包装上所注工厂名称、水泥品种、名称、代号和强度等级、包装日期、生产许可证编号等是否相符；棚车到货的水泥，验收时应检查车内有无漏雨情况，敞车到货的水泥应检查有无受潮现象。

水泥受潮后，当有块状时，可用手捏成粉末，如无硬块时，可压碎粉块，通过实验后，根据实测强度使用；当部分结成硬块时，可筛去硬块压碎硬块，通过实验后，根据实测强度使用，可用于不重要的或受力小的部位，也可用于配制砌筑砂浆。

3. 水玻璃有哪些性质？

答：水玻璃的黏结强度较高，耐热性好，耐酸性强，耐碱性、耐水性较差。

（1）黏结强度高。水玻璃有良好的黏结能力，硬化时析出的硅酸凝胶，有堵塞毛细孔隙而防止水渗透的作用。

（2）耐热性好。水玻璃不燃烧，在高温下硅酸凝胶干燥得更加强烈，强度并不降低，甚至有所增加。因此用于配置水玻璃耐热混凝土，耐热砂浆，耐热胶泥等。

（3）耐酸性强。水玻璃能经受除氢氟酸、过热（300℃以上）磷酸、高级脂肪酸或油酸以外的几乎所有的无机酸和有机酸的作用，故用于配置水玻璃耐酸混凝土、耐酸砂浆、耐酸胶泥等。

（4）耐碱性、耐水性较差。水玻璃加入氟硅酸钠后，仍不能完全硬化，仍有一定量的水玻璃。由于水玻璃可溶于碱，且溶于水，所以水玻璃硬化后不耐碱、不耐水。为了提高耐水性，可以采用中等浓度的酸对已硬化的水玻璃进行酸性处理。

4. 瓷砖的特性有哪些?

答:瓷砖的特性包括尺寸、吸水率、平整性、强度和色差。

尺寸:产品大小片尺寸齐一,可节省施工时间,而且整齐美观。

吸水率:吸水率低的瓷砖不因气候变化热胀冷缩而产生龟裂或剥落。

平整性:平整性佳的瓷砖,表面不弯曲、不翘角、容易施工、施工后地面平坦。

强度:抗折强度高,耐磨性佳且抗重压,不易磨损,历久弥新,适合公共场所使用。

色差:将瓷砖平放地板上,拼排成 $1m^2$,离 3m 观看是否有颜色深浅不同或无法衔接,造成美观上的障碍。

第3章 一般抹灰工程施工技术

必备知识点

必备知识点1 一般抹灰工程

1. 一般内墙抹灰工程施工工艺

建筑内墙抹灰是指将石灰、石膏、水泥砂浆及水泥石灰混合砂浆等无机胶凝材料抹在墙面上进行装饰的一种施工方法。

内墙抹灰主要有一般抹灰和装饰抹灰两种。一般抹灰包括墙面、墙裙、踢脚线等平面抹灰；装饰抹灰主要有拉毛、拉条和扫毛等，这几种抹灰形式比一般抹灰更富于装饰效果。

（1）施工前准备。施工前应检查验收主体结构表面平整度、垂直度和强度，其值必须符合设计要求，否则要进行返工。同时检查、验收门窗框、水暖和电气预埋管道及各种预埋件的安装是否符合设计要求。

在内墙抹灰过程中常用到的材料有：水泥、石灰膏、砂、麻刀和纸筋。常用的施工机械有：砂浆搅拌机、混凝土搅拌机、纸筋灰搅拌机及喷灰用的喷灰机械（组装车、输浆管、喷枪）。还有刮杠机等。常用的施工工具有：钢抹子、铁抹子、木抹子、塑料抹子、木灰托、阳角抹子、阴角抹子、圆角阳抹子、捋角器、大小鸭嘴、托线板、水平尺、刮尺、尼龙线、八字靠尺、分格条等。

（2）一般内墙抹灰工程操作工艺流程，如图3-1所示。

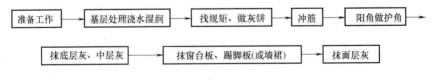

图 3-1　一般内墙抹灰工程操作顺序

（3）一般内墙抹灰工程质量标准与允许偏差见表3-1、表3-2。

表 3-1　一般内墙抹灰工程质量标准要求

类别	质量标准要求
保证项目	材料的品种、质量必须符合设计要求和材料标准的规定。各抹灰层之间及抹灰层与基体之间必须黏结牢固，无脱层、空鼓，面层无爆灰和裂缝（风裂除外）等缺陷

（续）

类别	质量标准要求	
基本项目	表面	普通抹灰要求表面光滑、洁净，接槎平整 中级抹灰要求表面光滑、洁净，接槎平整，线角顺直清晰（毛面纹路基本均匀） 高级抹灰要求表面光滑、洁净，颜色均匀，无抹纹，线角和水线平直方正，清晰美观
	孔洞、槽盒、管道后面的抹灰表面，尺寸正确，边缘整齐、光滑、平整	
	门窗框及墙体间缝隙，应堵塞密实，表面平整	
	分格条缝宽度、深度均匀，平整光滑，楞角整齐，横平竖直，通顺	

表 3-2 室内抹灰允许偏差

	项目	允许偏差/mm			检验方法
		普通	中级	高级	
1	立面垂直	—	5	3	用 2m 托线板检查
2	表面平整	5	4	2	用 2m 直尺及楔形塞尺检查
3	阴、阳角垂直	—	4	2	用 2m 托线板检查
4	阴、阳角方正	—	4	2	用 200mm 方尺和楔形塞尺检查
5	分格条（缝）平直	—	3	—	用 5m 线和尺量检查

2. 外墙抹灰工程

（1）施工准备。外墙所有预埋件、嵌入墙体内的各种管道已安装完毕，屋面防水工程已经完成；门窗安装合格，框与墙体缝隙经清理后用 1∶3 水泥砂浆或 1∶1∶6 的水泥混合砂浆分层嵌塞严实；混凝土板墙接缝处防水做完，勾缝后，淋水试验无渗漏；为使颜色一致，要用同一品种规格的水泥、砂子和灰膏，配合比要一致；带色砂浆要设专人配料，严格掌握配合比；基层的干燥程度应基本一致。

（2）外墙抹灰工程工艺流程，如图 3-2 所示。

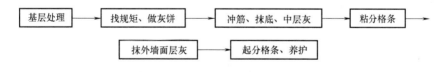

图 3-2 外墙抹灰工程工艺流程图

（3）施工时应注意分格条既是施工缝，又是立面划分，对取掉木分格条的缝用防水砂浆认真勾嵌密实。为保证抹灰颜色一致，抹面材料应统一进料，专业配料。对挑出墙面的各种细部（檐口、压顶、窗台、阳台、雨篷、腰线等）上平面做泛水、下底面做滴水槽，以便泄水、挡水，起到防水功能。

3. 常见抹灰的一般做法

（1）石灰砂浆墙面的做法，见表 3-3。

（2）纸筋石灰、麻刀石灰（玻璃丝灰）抹灰做法，见表 3-4。

表 3-3 石灰砂浆墙面的做法

墙体材料	总厚度/mm	底层灰/mm	中层灰/mm	面层灰/mm
砖墙基层	16	14 厚 1:3 石灰砂浆	—	2 厚纸筋或麻刀灰
	18	10 厚 1:3 石灰砂浆	6 厚 1:3 石灰砂浆	2 厚纸筋或麻刀灰
	23	13 厚 1:3 石灰砂浆	8 厚 1:3 石灰砂浆	2 厚纸筋或麻刀灰
混凝土墙	16	7 厚 1:3:9 水泥石灰砂浆	7 厚 1:3 石灰砂浆	2 厚纸筋或麻刀灰
	21	11 厚 1:3:9 水泥石灰砂浆	8 厚 1:3 石灰砂浆	2 厚纸筋或麻刀灰
加气混凝土墙	10	8 厚 1:3:9 水泥石灰砂浆	—	2 厚纸筋或麻刀灰
	16	5 厚 1:3:9 水泥石灰砂浆	9 厚 1:3 石灰砂浆	2 厚纸筋或麻刀灰
钢丝网板条墙	18	16 厚 1:3:9 水泥石灰砂浆	—	2 厚纸筋或麻刀灰

表 3-4 纸筋石灰、麻刀石灰（玻璃丝灰）抹灰做法

适用范围	分层做法	厚度/mm	施工要点
普通砖墙	①1:3 石灰砂浆打底	10~15	①第一遍底子灰薄薄抹一遍由上往下，接着抹第二遍，由下往上刮平，用木抹子搓平
	②1:1:6 水泥石灰砂浆打底	14~16	②底子灰五六成干时抹罩面灰，用铁抹子先竖着薄薄刮一遍，再横抹找平，最后压光一遍
	③纸筋石灰、麻刀灰（或玻璃丝灰）罩面	2	③底子灰分两遍抹成，其他操作方法同上
混凝土墙、石墙	①水泥浆一遍	1	①混凝土表面浇湿润，刮水泥浆一遍，随即抹底子灰，分两遍抹成
	②1:3:9(或1:0.3:3、1:1:6)水泥石灰砂浆打底	13	②其他操作方法同上
	③纸筋石灰、麻刀灰（或玻璃丝灰）罩面	2 或 3	
混凝土大板或大模板混凝土墙	①聚合水泥砂浆或水泥石灰砂浆喷毛打底	1~3	①抹灰前混凝土基层洒水润湿，紧接着抹聚合水泥砂浆或水泥砂浆喷毛，要求平整密实
	②纸筋石灰、麻刀石灰（或玻璃丝灰）罩面	2 或 3	②打底层五六成干时罩面，两遍成活，最后压光一遍
加气混凝土砌块或条板墙	①1:3:9 水泥石灰砂浆打底	3	①基层处理同加气混凝土抹水泥砂浆
	②1:3 石灰砂浆打底	13	②小拉毛完后应喷水养护 2~3d
	③纸筋石灰、麻刀灰（玻璃丝灰）罩面	2	③待中层六七成干时，喷水湿润后进行罩面
板条、苇箔墙	①麻刀石灰掺 10% 质量的水泥或 1:0.5:4 麻刀石灰水泥砂浆	3~6	①板条抹头遍底灰横着抹，苇箔上则顺着苇箔方向抹，均应挤入缝隙内
	②麻刀石灰或纸筋石灰砂浆中层	3~6	②第二遍紧跟着头遍底灰抹，六七成干时顺着板条苇箔方向抹，第三遍找平层，按冲筋刮扫、找平
	③1:2.5 石灰砂浆（略掺麻刀）找平	5	③第三遍六七成干时顺着板条、苇箔方向抹面层
	④纸筋石灰、麻刀石灰（或玻璃丝灰）罩面	2 或 3	

（续）

适用范围	分层做法	厚度/mm	施工要点
金属网墙面	①1:1.5～2 石灰砂浆（略掺麻刀）打底	3	①把 4Φ6@200mm 钢筋拉直钉在木龙骨上，然后用铁丝在金属网眼上挂麻丝，长250mm,间距300mm左右
	②1:2.5 石灰砂浆找平	3	②找平层两遍成活，每遍将悬挂的麻刀向四周散开1/2,抹入灰浆中。其余操作同板条墙抹灰
	③纸筋石灰、麻刀灰（或玻璃丝灰）罩面	2	

注：1. 配合比除注明外均为体积比。水泥为32.5级以上,石灰为含水率50%的石灰膏。
　　2. 基层光滑,可在水泥砂浆中掺少量108胶,以增加黏结。

（3）水砂面层抹灰的做法，见表3-5。

表3-5　水砂面层抹灰的做法

分层做法	厚度/mm	施工要点	适用范围
1:2～1:3 麻刀石灰砂浆抹底层、中层（要求表面平整垂直）	13	①使用材料 水砂：用沿海地区的细砂其平均粒径0.15mm,使用时用清水淘洗,去污泥杂质,含泥量小于2%为宜 石灰：必须是洁白块灰,不允许有灰末子,氧化钙含量不小于75%的二级石灰 水：一般以食用水为佳 ②水砂砂浆拌制：块灰随淋随拌浆（用3mm孔径筛过滤）,将淘洗洁净的砂和沥浆过的熟灰浆进行拌和,拌和后以水砂呈淡灰色为宜 熟灰浆：水砂为1:0.75（重量比）或1:0.815（体积比）。每立方米水砂砂浆约用水砂750kg,块灰300kg ③使用熟灰浆拌和的目的在于使水砂内盐分尽快蒸发、防止墙面产生龟裂,水砂拌和后置于池内进行消化3～7d后方可使用	适用于高级建筑内墙面
水砂抹面分两遍抹成。应在第一遍砂浆略有收水时即抹第二遍。第一遍竖向抹,第二遍横向抹 抹水砂前,底子灰如有缺陷应修补完整,待墙干燥一致方能进行水砂抹面,否则将影响其表面颜色不均。墙面要均匀洒水、充分湿润,门窗玻璃必须装好,防止面层水分蒸发过快而发生龟裂	2～3		
水砂抹完后,用钢皮抹子压两遍,最后用钢皮抹子先横向后竖向溜光至表面密实光滑为止			

（4）石灰黏土灰、水泥混合砂浆、水泥砂浆抹灰的做法，见表3-6。

表3-6　石灰黏土灰、水泥混合砂浆、水泥砂浆抹灰的做法

名称	适用范围	分层做法	厚度/mm	施工要点	注意事项
石灰黏土灰抹灰	土坯墙、砖墙、板条墙基层	①草泥打底,分二遍成活	13～15	土坯墙砌好后,在一周内抹灰	
		②1:3 石灰黏土灰罩面	2～3		
水泥混合砂浆抹灰	砖墙基层	①1:1:6 水泥白灰砂浆抹底层	7～9	①中层石灰砂浆用木抹子搓平稍干后,立即用铁抹子来回刮石灰膏,达到表面光滑平整,无砂眼,无裂纹、越薄越好 ②石灰膏刮后2h,未干前再压实压光一次	水泥混合砂浆的抹灰层,应待前一层抹灰凝结后,方可涂抹后一层
		②1:1:6 水泥白灰砂浆抹中层	7～9		
		③刮石灰膏	1		

（续）

名称	适用范围	分层做法	厚度/mm	施工要点	注意事项
水泥混合砂浆抹灰	砖墙基层	1:1:3:5（水泥:石灰膏:砂子:木屑）分二遍成活,木抹子搓平	15~18	①适用于有吸声要求的房间 ②锯木屑过 5mm 孔筛,使用前石灰膏与木屑拌和均匀,经钙化 24h,使木屑纤维软化,适用于有吸声要求的房间	用于做油漆墙面抹灰
		①1:0.3:3 水泥石灰砂浆抹底层 ②1:0.3:3 水泥石灰砂浆抹中层 ③1:0.3:3 水泥石灰砂浆罩面	7 7 5	如为混凝土基层,要先刮水泥浆（水胶比 0.37~0.40）或洒水泥砂浆处理,随即抹灰	
	混凝土基层、石墙基层	①1:3 水泥砂浆抹底层 ②1:3 水泥砂浆抹中层 ③1:2.5 水泥砂浆罩面	5~7 5~7 5	①混凝土表面先刮水泥浆（水胶比 0.37~0.40）或洒水泥砂浆处理 ②抹灰方法与砖墙基层相同	
水泥砂浆抹灰	砖墙基层	①1:3 水泥砂浆抹底层 ②1:3 水泥砂浆抹中层 ③1:2.5 或 1:2 水泥砂浆罩面	5~7 5~7 5	①适用于潮湿较大的砖墙,如墙裙、踢脚线等 ②底层灰要压实,找平层（中层）表面要扫毛,待中层五六成干时抹面层 ③抹成活后要浇水养护	①水泥砂浆抹灰层应待前一抹灰层凝结后,方可涂抹后一层 ②水泥砂浆不得涂抹在石灰砂浆层上
		①1:2.5 水泥砂浆抹底层 ②1:2.5 水泥砂浆抹中层 ③1:2 水泥砂浆罩面	5~7 5~7 5	①适用于水池、窗台等部位抹灰 ②水池抹灰要找出泛水 ③水池罩面时侧面、底面要同时抹完,阳角要用阳角抹子捋光,阴角要用阴角抹子捋光,形成一个整体	
	加气混凝土基层	①1:5 = 108 胶:水 ②1:3 水泥砂浆打底 ③1:2.5 水泥砂浆罩面	5 5	①抹灰前墙面要浇水湿润 ②108 胶溶液要涂刷均匀 ③薄薄地刮一遍底子（简称"铁板糙"）后再抹底子灰 ④打底后隔 2d 罩面	

4. 顶棚抹灰

（1）顶棚的构造可分直接式顶棚和悬吊式顶棚。

1）直接式顶棚。直接在钢筋混凝土屋面板或楼板下表面直接喷浆、抹灰或粘贴装修材料的一种构造方法。当板底平整时,可直接喷、刷大白浆或 108 涂料;当楼板结构层为钢筋混凝土预制板时,可用 1:3 水泥砂浆填缝刮平,再喷刷涂料。这类顶棚构造简单,施工方便,具体做法和构造与内墙面的抹灰类、涂刷类、裱糊类基本相同,常用于装饰要求不高的一般建筑。

2）悬吊式顶棚。悬吊式顶棚又称"吊顶",它离开屋顶或楼板的下表面有一定的距离,通过悬挂物与主体结构联结在一起。由吊顶龙骨和吊顶面层组成。

吊顶龙骨分为主龙骨与次龙骨,主龙骨为吊顶的承重结构,次龙骨则是吊顶的基层。主龙骨通过吊筋或吊件固定在楼板结构上，次龙骨用同样的方法固定在主龙骨上。龙骨可用木材、轻钢、铝合金等材料制作，其断面大小视其材料品种、是否上人和面层构造做法等因素而定。主龙骨断面比次龙骨大，间距约为2m。悬吊主龙骨的吊筋为直径8~10mm钢筋，间距不超过2m。次龙骨间距视面层材料而定，间距一般不超过600mm。

吊顶面层分为抹灰面层和板材面层两大类。抹灰面层为湿作业施工，费工费时；板材面层，既可加快施工速度，又容易保证施工质量。板材吊顶有植物板材、矿物板材和金属板材等。

（2）顶棚抹灰施工前准备。按照图纸或技术文件要求准备好水泥、砂子、石灰膏、108胶、纸筋麻刀等材料；顶棚抹灰前应做完上层地面及本层地面；现浇顶板如有蜂窝麻面应用1:2.5水泥砂浆预先分层抹平；凸出物要剔凿整平；水、暖立管通过楼板洞口处，应用1:3水泥砂浆或豆石混凝土堵严；电灯盒内用纸堵严；顶棚抹灰前要搭设好抹灰脚手架。凡净高在3.6m以下的架子要求抹灰工自己搭设，架高以人在架上头顶离棚顶8~10cm为宜。脚手板间距不大于50cm，板下平杆或凳子的间距不大于2m。

顶棚抹灰使用的机械有强制式灰浆搅拌机、纤维白灰磨碎机。工具有各种抹子（见室内墙面抹灰部分）和专用工具。此外，还要准备抹灰中使用的一些木制工具，如托灰板、靠尺板、方尺、木折尺、木杠、阴角器和分格条等。

建筑主体结构工程通过验收合格，并弹好+50cm水平线。

（3）顶棚抹灰工艺流程如图3-3所示。

图3-3　顶棚抹灰工艺流程图

必备知识点2　地面抹灰工程

1. 建筑地面的子分部工程、分项工程的划分

按国家标准《建筑地面工程施工质量验收规范》（GB 50209—2010）的规定，建筑地面的子分部工程、分项工程划分如图3-4所示。

2. 地面抹灰

（1）水泥砂浆地面抹灰。水泥砂浆底层地面一般是由面层、结合层、基土等组成。面层采用20mm厚1:2水泥砂浆；结合层采用素水泥砂浆；垫层采用50mm厚3:7灰土；基土为素土夯实。水泥砂浆楼面地面一般是由面层、结合层、结构层等组成。面层采用20mm厚1:2水泥砂浆；结合层采用素水泥砂浆；结构层为钢筋混凝土楼板。当楼面内需埋设管道或增强隔音效果，可在结构层上添设填充层，填充层可采用1:6水泥炉渣，其厚度按需要而定。

1）准备工作。室内门口立完并钉好保护铁皮，已安装好穿过楼板的立管，并将管洞堵严。

水泥宜采用32.5硅酸盐水泥、普通水泥和矿渣硅酸盐水泥；砂子宜用中砂和粗砂，过8mm孔筛子，含泥量应不大于3%。

主要机具和工具应有砂浆搅拌机、手推车、地磅2台、拌合水计量器具。工具应有粉线

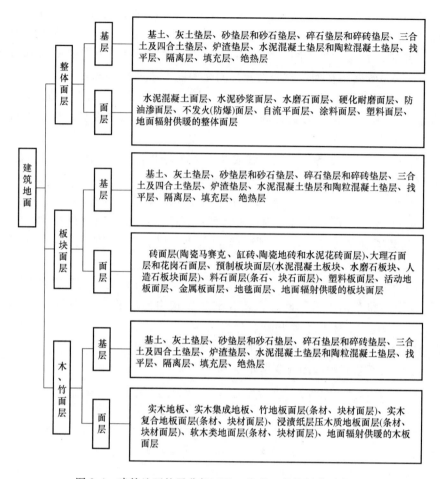

图 3-4　建筑地面的子分部工程、分项工程的划分示意图

包、木刮杠、木抹子、铁抹子、钢皮抹子、喷壶、小水桶、钢丝刷、扫帚、茅柴帚等。

2）水泥砂浆地面抹灰工艺流程如图 3-5 所示。

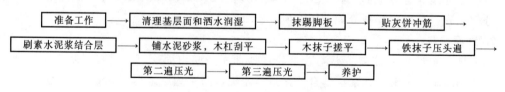

图 3-5　水泥砂浆地面抹灰工艺流程示意图

3）水泥砂浆地面允许偏差，见表 3-7。

表 3-7　水泥砂浆地面允许的偏差

项　　目	允许偏差/mm	检查方法
表面平整度	4	用 2m 靠尺和塞尺检查
踢脚板上口平直	4	拉 5m 线和尺检查
分格缝平直	3	

（2）水磨石地面抹灰。要求用 42.5 级普通水泥、粗砂或中砂，机具主要有小水桶、半

截筒、扫帚、水壶、马勺、木拍板、刮尺、木抹子、钢抹子、压辊等。

1）水磨石地面抹灰工作条件。屋面防水层应做完，室内抹灰除踢脚线、墙裙外均应完成，与顶棚、通风管道、水暖干管有关的孔洞预留好并堵严，与地面有关各种设备及埋设件安装完毕。立好门框并加设防护条，墙面弹好 +500mm 水平线。做完楼地面的垫层，按标高留出底层抹灰及水泥石碴浆之厚度。垫层要求表面平整，标高符合设计要求，垫层表面清理干净无污染，标高相差较大处有松动、凹陷处应及时补修，分层找平。浇水润湿按水平标高每 3~4m 做灰饼。有流水坡度要求者，坡度应经检验符合要求。有可靠的水磨石浆液排放措施，以防止污染墙面。所有石碴应分别过筛，洗净晾干。冬期施工的时候环境温度保持 5℃ 以上。

2）水磨石地面抹灰工艺流程，如图 3-6 所示。

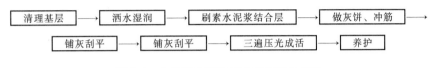

图 3-6 水磨石地面抹灰工艺流程示意图

3）彩色水磨石参考配合比，见表 3-8。

表 3-8 彩色水磨石参考配合比

彩色水磨石名称	主要材料/kg			颜料（水泥质量）（%）	
绿色水磨石	绿石子	黑石子	白水泥	绿色	
	160	40	100	0.5	
浅粉红色水磨石	红石子	白石子	白水泥	红色	黄色
	140	60	100	适量	适量
浅黄绿色水磨石	绿石子	黄石子	白水泥	黄色	绿色
	100	100	100	适量	适量
浅橘黄色水磨石	黄石子	白石子	白水泥	黄色	红色
	140	60	100	2	适量
本色水磨石	白石子	黄石子	42.5级水泥	—	
	60	140	100		
白色水磨石	白石子	黑石子	黄石子	白水泥	—
	140	40	20	100	
赭色水磨石	紫红石子	黑石子	白水泥	红色	黑色
	160	40	100	2	4

4）现浇水磨石地面的质量标准和要求。选用的材料质量、品种、强度（配合比）及颜色应符合设计要求和施工规范规定，面层与基层的结合必须牢固，无空鼓、裂纹等缺陷。表面光滑，无裂纹、砂眼和磨纹；石粒密实，显露均匀；图案符合设计，颜色一致，不混色；分格条牢固、清晰顺直。地漏和供排除液体用的带有坡度的面层应符合设计要求，不倒泛水，无渗漏、积水，与地漏（管道）结合处严密平顺。踢脚板高度一致，出墙厚度均匀，与墙面结合牢固，局部虽有空鼓，但其长度不大于 200mm，且在一个检查范围内不多余 2

处。地面镶边的用料及尺寸应符合设计和施工规范规定；边角整齐光滑，不同面层颜色相邻处不混色。

5）现浇水磨石的允许偏差，见表3-9。

表3-9　现浇水磨石的允许偏差

项目	允许偏差/mm		检验方法
	普通	高级	
表面平整度	3	2	用2m靠尺和楔尺检查
踢脚线上口平直	3	3	拉5m线或通线尺量检查
缝格平直	3	2	

（3）大理石、花岗石地面抹灰。水泥宜用42.5级以上普通硅酸盐水泥，并准备擦缝用的白水泥；砂子用中砂或粗砂，含泥量不大于3%，使用前要过5mm筛；大理石、花岗石等板材的规格、品种、图案、线条、质量，应符合设计、图纸要求和施工规范规定；板块应按照颜色和花纹分类，有裂缝、掉角和表面上有缺陷的板块应予剔出，强度等级和品种不同的板块不得混杂使用；颜料用无机矿物颜料（擦缝用）、蜡、草酸。

施工主要机具有砂浆搅拌机、手推车、铁锹、铁抹子、木抹子、浆壶、喷壶、橡皮锤等。

专用机具有磨石机、切石机、台式砂轮机、台钻、合金钢钻头及扁凿子、拨缝开刀、水平尺、硬木拍板等。

1）作业条件。大理石、花岗石板块进场后，应侧立堆放在室内，光面相对，背面垫松木条，并在板下加垫木方。详细核对品种、规格、数量等是否符合设计要求，有裂纹、缺棱、掉角、翘曲和表面有缺陷时，应予剔除。室内抹灰（包括立门口）、地面垫层、预埋在垫层内的电管及穿通地面的管线均已完成。房间内四周墙上弹好+50cm水平线。施工操作前应画出铺设大理石地面的施工大样图。冬期施工时操作温度不得低于5℃。

2）大理石、花岗石地面抹灰工艺流程见图3-7所示。

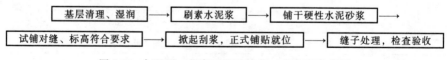

图3-7　大理石、花岗石地面抹灰工艺流程示意图

3）大理石、花岗石地面抹灰的质量标准。材料品种、规格、颜色、图案，必须符合设计要求和有关标准规定，不得有缺楞掉角和裂缝等缺陷。

表面平整、洁净、颜色均匀，接缝嵌填密实、深度一致；镶边用料尺寸符合设计要求和施工规范规定，边角整齐、光滑；脚线表面洁净，接缝平整均匀，高度一致，结合牢固，出墙厚度适；地漏坡度符合设计要求，不倒泛水，无积水，与地漏结合处严密牢固，无渗漏。

4）允许偏差项目。天然大理石、花岗石的品种、规格应符合设计要求，技术等级、光泽度、外观质量要求，边角方正，无扭曲、缺角、掉边，应符合国家标准《天然大理石建筑板材》（GB/T 19766—2005）、《天然花岗石建筑板材》（GB/T 18601—2009）的规定，其允许偏差项目见表3-10。

表 3-10　花岗石、大理石板材允许偏差

	项　　目	允许偏差/mm	检查方法
1	表面平整	1	用 2m 托线板和楔形塞尺检查
2	接缝平直	2	拉 5m 线检查,不足 5m 拉通线用尺量检查
3	上口平直	1	
4	接缝高低	0.5	用直尺和楔形塞尺检查
5	接缝宽度偏差	1	尺量检查

（4）细石混凝土地面抹灰。细石混凝土楼地面同水泥砂浆楼地面一样，施工前必须做好材料、机具、作业条件以及室内基层工作面的剔凿、修补、清理等，并认真检查和落实以上各项工作，这是保证施工质量及施工顺利进行的可靠措施。

1）准备工作。细石混凝土材料施工工艺规程规定，一般豆石的粒径为 0.5～1.2cm，其含泥量不得大于 3%；砂子一般用粗砂，其含泥量不得大于 5%；在常温施工时一般用 32.5 级矿渣硅酸盐水泥或普通硅酸盐水泥，但在冬期施工时宜用 42.5 级水泥。使用机具、作业准备以及室内基层清理、剔凿、修补、洒水润湿、结合层刷素水泥浆等操作方法和要求，同水泥砂浆地面。

根据墙面上已有的 +50cm 水平标高线，量测出地面面层的水平线，弹在四周墙面上，并要与房间以外的楼道、楼梯平台、踏步的标高相呼应，贯通一致。

2）细石混凝土地面抹灰工艺流程，如图 3-8 所示。

图 3-8　细石混凝土地面抹灰工艺流程示意图

3）细石混凝土地面施工的允许偏差，见表 3-11。

表 3-11　细石混凝土地面施工的允许偏差

项　　目	允许偏差/mm	检　查　方　法
表面平整度	5	用 2m 靠尺和塞尺检查
踢脚板上口平直	4	拉 5m 线,不足 5m 拉通线和尺检查
分格缝子直	3	

（5）陶瓷地砖地面抹灰。陶瓷地砖包括陶瓷通体砖、抛光砖和釉面砖一类的地砖。这类地砖的粘贴通常有两种方法。一种是采用干硬性水泥砂浆，经试铺后，揭起再浇素水泥浆实铺；另一种方法是在地面基层上先采用抹水泥砂浆地面的方法，对基层进行打底、搓平、搓麻和划毛，经养护后，在打好的底子灰上找规矩弹控制线铺砖。

1）施工准备。陶瓷地砖地面抹灰材料要求用 32.5 级以上普通硅酸盐水泥或矿渣硅酸盐水泥；粗砂或中砂，含泥量不大于 3%，过 8mm 孔径的筛子；面砖进场验收合格后，在施工前应进行挑选，将有质量缺陷的先剔除，然后将面砖按大中小三类挑选后分别码放在垫木上。色号不同的严禁混用。选砖用木条钉方框模子，拆包后块块进行套选，长、宽、厚不得超过 ±1mm，平整度用直尺检查。

施工机具主要有小水桶、半截桶、笤帚、方尺、平锹、铁抹子、大杠、筛子、窄手推车、钢丝刷、喷壶、橡皮锤、小线、匀石机、水平尺等。

2）作业条件。墙上四周弹好 +50cm 水平线，地面防水层已经做完，室内墙面湿作业已经做完；穿楼地面的管洞已经堵严塞实；楼地面垫层已经做完；板块应预先用水浸湿，并码好，铺时达到表面无明水。复杂的地面施工前，应绘制施工大样图，并做出样板间，经检查合格后，方可大面积施工。

3）陶瓷地砖地面工程抹灰工艺流程，如图 3-9 所示。

图 3-9 陶瓷地砖地面工程抹灰工艺流程示意图

4）陶瓷地砖地面施工的允许偏差见表 3-12。

表 3-12 陶瓷地砖地面施工的允许偏差

序号	项 目	允许偏差/mm			检验方法
		陶瓷马赛克、陶瓷地砖	缸砖	水泥花砖	
1	表面平整度	2	4	3	用2m靠尺和塞尺检查
2	缝格平直	3	3	3	拉5m线和用金属直尺检查
3	接缝高低差	0.5	5	0.5	用金属直尺和塞尺检查
4	踢脚线上口平直度	3	4	3	拉5m线和用金属直尺检查
5	板块间缝隙宽度	2	2	2	用金属直尺检查

（6）塑料板面层抹灰。材料用 42.5 级普通水泥，中、粗砂，塑料板，胶黏剂。

施工机具有塑料板块焊接机、计量器、大桶、小桶、钢直尺、水平尺、小线、胶皮辊、錾子、刷子、钢丝刷等。

1）施工条件。上道工序已进行验收合格，样板间或样板块已经得到认可，基层清理，含水率低于 10%，已经进行技术交底，立管洞已做处理，放线抄平已经完成。冬期施工时，环境温度不应低于 5℃。

2）塑料板面层抹灰工程施工工艺流程，如图 3-10 所示。

图 3-10 塑料板面层抹灰工程施工工艺流程示意图

（7）楼梯抹灰。楼梯抹灰工程施工工艺流程，如图 3-11 所示。

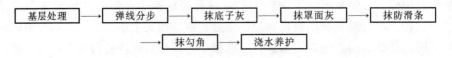

图 3-11 楼梯抹灰工程施工工艺流程示意图

实践技能

实践技能1 一般抹灰工程施工要点

1. 一般内墙抹灰工程的施工要点

（1）基层处理。根据基面的不同，可分砖墙、混凝土墙、预制楼板、加气混凝土墙等。

1）砖墙。将墙面上的耳灰、混凝土跑浆、油渍、污垢等清理干净，在抹灰前1d将墙面浇水润湿，要求水渗入砖墙面内10～20mm为宜。但在阴雨天，要少浇水，防止砂浆不易凝结。

2）混凝土墙。如墙面很光滑，需进行"毛化处理"。首先将混凝土表面尘土、污垢清扫干净，墙面油污要用10%的火碱水涂刷掉。随后用清水冲洗干净，晾干后，用新型材料如JA-01界面剂，在光滑的混凝土表面喷甩一层（JA-01结合层，其施工配合比为界面剂：水泥：细砂＝1:2:3，水泥为42.5级以上普通水泥或矿渣硅酸盐水泥），表面干后（夏季4～5h）即可进行抹灰。

3）预制楼板。剔除楼板间缝灌注混凝土凸出部分及杂物，然后用刷子蘸水把表面残渣浮灰清理干净，再刷掺水重10%的108胶水泥浆一道，随后抹1:0.3:3混合砂浆，将板缝抹平，过厚处应分层勾抹，每遍宜为5～7mm。

4）加气混凝土墙。将墙面粉尘清扫干净，对松动、灰浆不饱满的缝隙，用EC聚合物水泥砂浆填塞密实，对缺棱掉角不平处用EC聚合物砂浆整修密实、平顺。然后洒水润湿，分数遍浇水。清除浮灰后，喷刷一遍加气混凝土界面处理剂（随喷刷抹底灰）。

（2）找规矩、做灰饼（图3-12、图3-13）。用一面墙做基准。先用方尺规方，如房间面积较大，在地面上先弹出十字中心线，再按墙面基层的平整度在地面弹出墙角线，随后

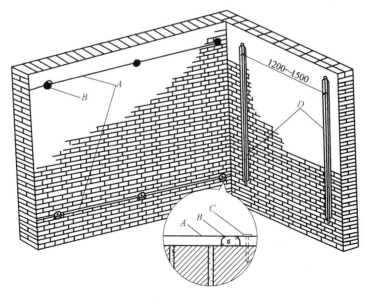

图3-12 找规矩

A—引线 *B*—灰饼 *C*—钉子 *D*—冲筋

在距墙阴角100mm处吊垂线并弹出垂直线，再按地上弹出的墙角线往墙上翻引，弹出阴角两面墙上的墙面抹灰层厚度控制线（厚度包括中层抹灰），以此确定标准灰饼厚度。

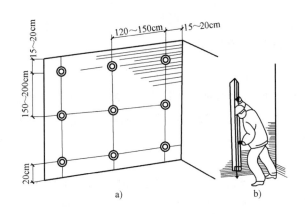

图 3-13　做灰饼与托线板挂垂直
a）做灰饼　b）托线板挂垂直

做灰饼方法是：在墙面距地1.5m左右的高度，距墙面两边阴角100～200mm处，用1:3水泥砂浆或1:3:9水泥石灰砂浆，各做一个50mm×50mm的灰饼，再用托线板或线锤以此饼面挂垂直线，在墙面的上下各补做两个灰饼，灰饼离顶棚及地面距离150～200mm，再用钉子钉在左右灰饼两头接缝里，用小线拴在钉子上拉横线，沿线每隔1.2～1.5m补做灰饼。

（3）抹标筋（图3-14）。标筋也叫冲筋、出柱头，就是在上下两个标志块之间先抹出10cm左右的一条，厚度与标志块相平，作为墙面抹底子灰填平的标准。

在两个标志块中间先抹一层，再抹第二遍凸出成八字形，要比灰饼凸出1cm左右，然后用木杠紧贴灰饼左上右下来回搓，直至把标筋搓得与标志块一样平为止。同时要将标筋的两边用刮尺修成斜面，使其与抹灰层接槎顺平。标筋用砂浆，应与抹灰底层砂浆相同，操作时应先检查木杠是否受潮变形，如果有变形应及时修理，以防止标筋不平。

图 3-14　标筋（冲筋）示意图

（4）阴阳角找方。中级抹灰要求阳角找方。对于除门窗口外，凡有阳角的房间，则首先要将房间大致规方。方法是：先在阳角一侧墙做基线，用方尺将阳角先规方，然后在墙角弹出抹灰准线，并在准线上下两端挂通线做标志块。高级抹灰要求阴阳角都要找方，阴阳角两边都要弹基线，为了便于做角和保证阴阳角方正垂直，必须在阴阳角两边都做标志块和标筋。

（5）护角（图3-15）。护角必须在抹大面前做，护角做在室内的门窗洞口及墙面、柱子的阳角处。护角高度>2m，每侧宽度不大于5cm，应用1:2水泥砂浆抹护角。

抹护角时，以墙面灰饼为依据，首先将阳角用方尺规方，靠门框一边，以门框离墙面的空隙为准，另一边以灰饼厚度为依据。最好在地面上划好准线，按准线粘好靠尺板，并用托线板吊直，方尺找方。然后在靠尺板的另一边墙角面分层抹水泥砂浆，护角线的外角与靠尺板外口平齐。一边抹好后，再把靠尺板移到已抹好护角的一边，用钢筋卡稳住，用线锤吊直靠尺板，把护角的另一面分层抹好。轻轻地将靠板尺拿下，待护角的棱角稍干时，用阳角抹子和水泥浆捋出小圆角。最后在墙面处用靠尺板按要求尺寸沿角留 5cm，将多余砂浆成 40°斜面切掉，墙面和门框等落地灰应清扫干净。

（6）抹窗台板、踢脚板（或墙裙）。抹窗台板用 1:3 水泥砂浆抹底层灰，厚 5～7mm。隔 1d 后，刷素水泥浆一道，再用 1:2.5 水泥砂抹面层，厚 5～7mm。面层要原浆压光，并将上口压成小圆角。下口要求平直，不得有毛刺，浇水养护 2～3d。配制砂浆应计量准确，搅拌均匀，稠度适宜。

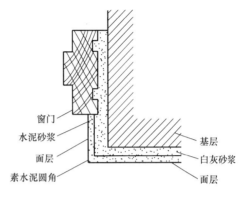

图 3-15　做护角示意图

踢脚板（或墙裙）按要求的高度弹出其上口水平线，用 1:3 水泥砂浆或水泥混合砂浆抹底层，厚 5～7mm。隔 1d 后再用 1:2.5 水泥砂浆抹面层，面层应原浆压光，厚度应比墙面的灰层突出 3～5mm。待收水后，按施工图要求的高度，从室内 +50cm 的抄平线下返踢脚线高度尺寸，再用粉线包弹出水平线，然后用八字尺靠在线上（踢脚线上口），用钢抹子将踢脚线切齐压抹平整，最后用阳角抹子捋光上口。

（7）抹底层灰、中层灰（图 3-16）。将抹灰砂浆分两遍抹于墙面两标筋之间，底层要低于标筋，待收水后再进行中层抹灰并使与标筋相平。

抹底层灰时，抹子贴紧墙面用力要均匀，使砂浆与墙基体粘贴牢固，一次抹成，不宜多回抹子，并控制平整，低于标筋。抹完一档底层灰，接着抹中层砂浆，抹均匀，表面平整，略高于冲筋 5～10mm，随即用中、短木杠按标筋刮平。使用木杠时，人应马步站立，双手紧握木杠，用力均匀，上下移动，并使

图 3-16　刮杠示意图

木杠前进的一边略微翘起，转腕灵活顺畅，未刮到的凹处补抹砂浆再刮一遍，使表面平整为止。木杠刮平后，用木抹子打搓一遍，使表面平整密实。

（8）抹面灰层。抹面灰层分为石灰砂浆罩面、混合砂浆罩面、纸筋石灰罩面、石膏罩面、麻刀灰罩面等。

1）石灰砂浆罩面。一般底层用 1:3 石灰砂浆打底，用 1:2 的石灰砂浆罩面，厚度为 2mm。先在贴近顶棚的墙面最上部抹出一抹子宽面层灰，再用木杠横向刮直，缺灰处应及时补浆、刮平，在符合尺寸时用木抹子搓平，用铁抹子溜光。然后把墙面两边阴角同样抹出一

抹子宽面层灰，用托线板找直，用木杠刮平、木抹子搓平、钢抹子溜光。抹中间大面时要以抹好的灰条作为标筋，一般采用横向抹，抹时要求一抹子接一抹子，接搓平整，薄厚一致，抹纹顺直。抹完一面墙后用木杠依标筋刮平，缺灰时要及时补上，用托线板挂垂直。检查无误后，用木抹子搓平，用钢板抹子压光。

2）混合砂浆罩面。一般多为水泥石灰砂浆，先用钢抹子罩面，再用刮杠刮平、找直，至六七成干后，再用木抹子搓平。搓平时感到砂浆过干，可以边洒水、边搓平，直至表面平整密实时止。

3）纸筋石灰面层。一般应在中层砂浆六七成干后进行（手按不软，但有指印）。如底层砂浆过于干燥，应先洒水湿润，再抹面层。抹灰操作一般使用钢皮抹子或塑料抹子，两遍成活，厚度为2～3mm。一般由阴角或阳角开始，自左向右进行，两人配合操作。一人先竖向（或横向）薄薄抹一层，要使纸筋石灰与中层紧密结合，另一人横向（或竖向）抹第二层（两人抹灰的方向应垂直），抹平，并要压光溜平。压平后，用排笔或茅柴帚蘸水横刷一遍，使表面色泽一致，用钢皮抹子再压实、揉平一次，则面层更为细腻光滑。阴阳角分别用阴阳角抹子捋光，随手用毛刷子蘸水将门窗边口阳角、墙裙和踢脚板上口刷净。纸筋石灰罩面的另一种做法是：二遍抹后，稍干就用压式塑料抹子顺抹子纹压光，经过一段时间，再进行检查，起泡处重新压平。

4）石膏罩面层。用于高级室内抹灰，抹压后表面干整、光洁、细腻。石膏罩面施工顺序是先用1:2.5石灰砂浆打底，再用1:2～1:3麻刀灰找平。不准用水泥砂浆或水泥混合砂浆打底，以防泛潮或面层脱落，并要求充分干燥，抹面层灰时宜洒少量清水润湿底灰表面，以便将石膏灰浆涂抹均匀。石膏的凝结速度比较快，初凝时间不小于3～6min，终凝时间不大于30min，所以在抹石膏灰墙面时要掺入一定量的石灰膏。

5）麻刀灰罩面。与纸筋石灰罩面方法相同，但麻刀与纸筋纤维的粗细有很大区别，纸筋容易捣烂，能形成纸浆状，故制成的纸筋石灰比较细腻，用它做罩面灰厚度可达到不超过2mm的要求。而麻刀的纤维比较粗，不易捣烂，用它制成的麻刀石灰抹面厚度按要求不得大于3mm。如果过厚，则面层易产生收缩裂缝，影响工程质量，为此应采取上述两人操作的方法。

2. 外墙抹灰工程施工要点

（1）做灰饼。外墙抹灰的做饼和内墙的要求有所不同，先在各大脚、门窗口角、垛都上、下挂线垂直，水平拉通线，保证棱角垂直，洞口平直。做灰饼纵横间距不大于1.5～2.0m。

（2）冲筋、刮杠同内墙面抹灰。

（3）面层粘分格条。室外墙面抹灰应进行分格处理，这样便于施工，增加立面美观，减少抹面收缩裂缝。分格条粘贴前，应按设计要求的尺寸排列分格和弹墨线，弹墨线应按先竖向、后横向顺序进行。

粘贴分格条时，分格条的背面用抹子抹素水泥浆后即可粘贴于墙面。粘贴时必须注意垂直方向的分格条要粘在垂直线的左侧，水平方向的分格条要粘在水平线的下口，这样便于观察和操作。

粘完分格条后要认真校正其平整度，并将分格条的两侧用水泥浆抹成八字斜角，如图3-17所示。水平分格条要先抹下口，如果当天抹面层灰，分格条两侧八字斜角抹成45°，如

图 3-17a 所示。如当天不抹罩面灰的"隔夜条"，两侧则抹成 60°，如图 3-17b 所示。分格条既是施工缝，又是立面划分，对取掉木分格条的缝用防水砂浆认真勾嵌密实。

（4）抹面层灰。底、中层抹灰，应平整，以便与面层抹灰黏结牢固。罩面灰应在分格条贴好后进行，先用力薄抹一遍，紧接着抹第二遍，比分格条略高，再用木杠刮平，木抹子搓压密实平整，最后用钢抹子揉实压光成活。

（5）对挑出墙面的各种细部（檐口、压顶、窗台、阳台、雨篷、腰线等）上平面做泛水、下底面做滴水槽，以便泄水、挡水，起到防水功能，如图 3-18 所示。

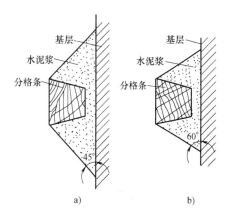

图 3-17　粘贴分格条
a）45°八字斜角　b）60°八字斜角

3. 顶棚抹灰施工

（1）顶棚抹灰的操作步骤。

1）基层处理。对于预制混凝土楼板，要用细石混凝土灌注预制板缝，以免板缝产生裂纹；用扫帚或钢丝刷清除附着的砂子和砂浆，用清水或火碱（浓度 10%）清洗基层；凡凹凸度较大处，应用 EC 聚合物砂浆修补平整（配比为胶料:粉料 = 1:4 质量比拌和）或剔平。对于现浇混凝土楼板，凡凹凸度较大处，应剔凿平整，用钢丝刷子刷一遍（凹处用 EC 聚合物砂浆修补平整）。将基层表面上的灰土、污垢清扫干净之后，用 10% 的火碱水将油污刷掉，随后用清水将碱液冲净、晾干。如果表面太光滑，可在混凝土表面上先喷甩一层 JA-01 型界面剂水泥浆。其施工配合比为 JA-01 型界面剂:高强度等级普通硅酸盐水泥 = 1:1，待表面干后（约 24h），再抹水泥砂浆。如采用 YJ-302 混凝土界面处理剂，可随涂刷随抹底灰。

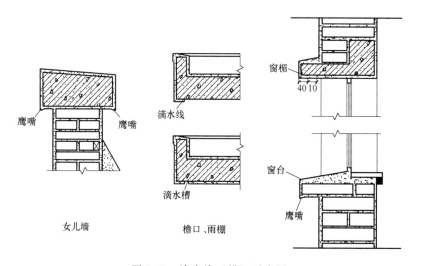

图 3-18　滴水线（槽）示意图

2）弹水平控制线。抹灰前在四周弹出水平线（一般距顶棚 10cm 左右，也可直接出抹灰线），经此线控制顶棚抹灰的厚度，达到顶棚圈边平整的效果，顶棚抹灰通常不做灰饼和冲筋。

3）抹底灰、中层灰。抹底层灰前，先洒水湿润。预制混凝土楼板顶棚一般采用 1:0.5:4 水泥石灰浆打底，再用 1:3:9 混合砂浆抹中层，厚度 8mm 左右，抹完后圈边 50～100cm 用刮尺刮平，圈内用软尺刮平，最后用木抹子搓平、错毛。高级的顶棚抹灰，应加钉长 350～450mm 的麻束，间距为 400mm（图 3-19），并交错布置，分遍按放射状梳理抹进中层灰内。中层灰一般采用水泥混合砂浆，其厚度控制在 6mm 左右。抹完后仍用软刮尺顺平，然后用木抹子搓平整。

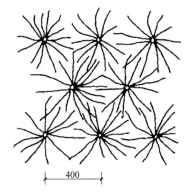

400

图 3-19　加钉麻束梳理示意图

4）抹罩面层。待底子灰（或中层灰）至六七成干时，即抹罩面灰。混凝土顶板抹水泥砂浆或 1:0.3:2.5 水泥混合砂浆。罩面灰的控制在 5mm 左右。抹罩面灰浆的时候，先将底子灰润湿，然后薄刮一道砂浆，使其与底灰抓牢，接着抹罩面灰，要横竖均匀平顺，最后用铁抹子压实压光。

（2）顶棚抹灰操作要点如下：

1）在抹灰前，应将基层清刷干净；预制或现浇混凝土顶板，在打底前进行勾缝找平工作。

2）抹混凝土顶棚时，先用水湿润。随刷一道 1～2mm 厚的水泥砂浆，将浆挤入混凝土气眼中。打底用 1:3:9 混合灰，厚度约 10mm，待六七成干后用麻刀灰或纸筋灰罩面 2～3mm 厚，二遍成活。

3）抹苇箔秫秸顶棚时，抹子要顺着方向进行。打底用麻刀灰，厚度约 3～4mm。二遍灰用 1:2.5 白色砂浆略掺水泥，挤入底子灰中，用扫帚打麻。三遍灰同二遍灰，厚约 4～5mm。待三遍灰六七成干后，用麻刀灰或纸筋灰厚 2～3mm 罩面。

4）板条抹底灰的时候，从墙角开始横向进行，先用麻刀灰掺 10% 水泥的砂浆抹挤板缝中，厚约 5mm。

5）二遍小砂子灰为 1:3:9 水泥砂浆，使其挤入麻刀灰中，用扫帚打麻，待五六成干后抹第三遍，待七成干时用麻刀灰或纸筋灰罩面，二遍成活。

6）大面积顶棚，如设计要求加钉麻丝束时，在每根小龙骨上每隔 30cm 错开钉上顶部拴好麻丝的麻钉（麻丝长 5cm、钉长 25mm），麻丝成十字交叉，抹入灰中。

（3）质量问题与主要原因。顶棚抹灰质量通病除了具备墙面抹灰的质量通病以外，其最大问题就是它的空鼓、裂缝和脱落不仅仅影响装饰效果，严重的会危及人身安全。造成巨大损失。新的标准规定：抹灰层与基层之间及各抹灰层之间必须黏结牢固，抹灰层应无脱层、空鼓，面层应无爆灰和裂缝。并且将此规定列为主控项目。造成抹灰层之间出现开裂、空鼓和脱落等质量问题的主要原因是机体表面清理不干净，如：基体表面尘埃及疏松物、脱模剂和油渍等影响抹灰黏结牢固的物质未彻底清除干净；基体表面光滑，抹灰前未做毛化处理；抹灰使砂浆中的水泥未充分水化，影响黏结力；砂浆质量不好，使用不当；一次抹灰过厚，干缩率较大等。

（4）常见的顶棚抹灰分层做法，见表3-13。

表 3-13 顶棚抹灰的分层做法

名称	分层做法	厚度/mm	施工要点
现浇混凝土楼板顶棚抹灰	①1:0.5:1 水泥石灰混合砂浆抹底层	2	①垂直模板纹抹底子灰，用力压实，越薄越好
	②1:3:9 水泥石灰砂浆抹中层	6	②第二遍紧跟底子灰顺模子板方向抹，用软刮尺顺平，木抹子搓平
	③纸筋石灰或麻刀石灰抹面层	2	③第二遍灰六七成干时抹罩面灰，两遍成活。第一遍薄抹，紧跟着抹第二遍，待灰稍干，顺抹纹压实、压光
预制混凝土顶棚抹灰	①1:0.5:1 水泥石灰砂浆打底	2～4	①预制混凝土板上先用1:2水泥砂浆勾缝，再用1:1水泥砂浆（加水泥质量的2%的108胶液）打底，2～3mm厚，并随手带毛，养护2～3d后做找平层和罩面
	②1:3:9 水泥石灰砂浆找平	6	
	③纸筋石灰、麻刀灰（或玻璃丝灰）罩面	2 或 3	②找平层和罩面方法同现浇混凝土顶棚抹灰
预制混凝土顶棚高级抹灰	①1:1 水泥砂浆（掺水泥重2%聚醋酸乙烯乳液）打底	2	①底层抹灰同上，养护2～3d再做中层
	②1:3:9 水泥石灰砂浆中层	6	②中层和罩面方法同现浇混凝土顶棚抹灰
	③纸筋灰罩面	2	
混凝土顶棚抹膨胀珍珠岩砂浆	①1:3:6 水泥石灰膏珍珠岩砂浆打底	3～5	操作基本同一般石灰砂浆，抹灰前洒水湿润，底子稍干时用木抹子搓平。底子灰过厚要分层抹实，每层不超过5mm，底子灰六七成干时罩面
	②纸筋石灰、麻刀灰（玻璃丝灰）罩面	2	
板条或苇箔顶棚抹灰	①麻刀石灰掺10%质量的水泥或1:0.5:4 麻刀石灰水泥砂浆	3	①板条抹灰，第一遍底子灰要横着板条方向抹，并挤入板条缝隙；苇箔抹灰，第一遍底子灰顺着苇箔方向抹并挤入缝隙
	②1:2.5 石灰砂浆（砂过3mm筛）		②第二遍灰要紧跟着头遍底子灰抹，并压入底灰中，无厚度
	③1:2.5 石灰砂浆找平（略掺麻刀）	6	③第三遍在第二遍灰六七成干时，顺着板条、苇箔方向抹，顶棚用软刮刀刮平，墙面要冲筋、刮杠
	④纸筋石灰、麻刀灰（玻璃丝灰）罩面	2	④第四遍待第三遍六七成干时顺着板条、苇箔方向抹
板条金属网顶棚抹灰	①纸筋石灰或麻刀石灰砂浆抹底层	3	①第一遍灰要挤入金属网中，待六七成干抹第二遍，压入第一遍灰中，无厚度
	②纸筋石灰或麻刀石灰砂浆抹中层		②第二遍灰六七成干抹第三遍 ③第三遍灰六七成干时抹第四遍
	③1:2.5 石灰砂浆（略掺麻刀）找平	5	④板条之间应离缝30～40mm，端头缝5mm上钉金属网
	④纸筋石灰或麻刀石灰罩面	2	

（续）

名称	分层做法	厚度/mm	施工要点
钢板网顶棚抹灰	①1:0.2:2 石灰砂浆（略掺麻刀）抹底层，灰浆挤入网眼中	3	可使间距为 200mm 的 $\phi6mm$ 钢筋，拉直钉在木龙骨上，钢板网吊顶龙骨以 40cm×40cm 方格为宜，然后用铁丝将金属网撑紧绑扎在钢筋上。将小束麻丝每隔 300mm 左右挂在钢板网眼上，两端纤维下垂，长 250mm 其余操作同板条金属网抹灰
	②1:2 石灰砂浆抹中层，分两遍成活，每遍将悬挂的麻钉向四周散开 1/2，抹入灰浆中	3	
	③纸筋石灰罩面	2	
高级装修顶棚抹石灰膏	①0.006:1:(2～3)麻刀石灰砂浆打底	10～15	①基层表面清理干净，浇水湿润 ②打底分两遍成活，要求表面平整、垂直 ③罩面分两次抹成，先上头遍灰，未收水即进行二遍，随用铁抹子修补压光两遍，最后用铁抹子溜光至表面密实光滑为止
	②13:6:4（石膏粉:水:石灰膏，质量比）石膏粉浆罩面	2～3	

实践技能2　地面抹灰工程施工

1. 水泥砂浆地面抹灰施工

（1）水泥砂浆地面抹灰施工过程

1）基层处理并洒水湿润。水泥砂浆地面，抹灰前要把基层上残留的污物用铲刀等剔除掉。用钢丝刷刷一遍，用扫帚扫干净，提前 1～2d 浇水润湿基层。

2）弹线、找标高。首先要确定水泥砂浆面层标高，应先在四周墙上弹上一道水平基准线，水平基线是以地面 +0.00 标高及楼层砌墙前的抄平点为依据，一般可根据情况弹在标高 +50cm 的墙上。弹准线的时候，要注意按设计要求的水泥砂浆面层厚度弹线。水泥砂浆面层的厚度应符合设计的要求，且不应小于 20mm。

3）贴灰饼冲筋。如果房间较大的时候，要在四周墙上弹线，拉上小线，依线做灰饼。做灰饼的时候要先做房间纵向两边的，两行灰饼间距以大杠能搭及为准。然后以两边的灰饼再做纵向的。灰饼的上面要与地面平行，不能倾斜、扭曲。做灰饼也可借助于水准仪或透明的水管。做好的灰饼均应在线下 1mm，各饼应在同一水平面上，厚度应控制在 2cm。灰饼做完后可以冲筋。冲筋长度方向与抹地面后退方向相平行。相邻两筋距离以 1.2～1.5mm 为宜。各条筋面应在同一水平线上，然后在两条筋中间从前向后摊铺灰浆，如图 3-20 所示。

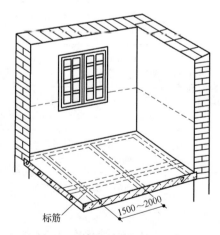

图 3-20　地面抹灰前做冲筋示意图

4）搅拌砂浆。砂浆的配合比应根据设计要求通过试验确定，投料必须严格过磅，精确控制配合比或体积比。应严格控制用水量，搅拌要均匀。砂浆的稠度不应大于 35mm，水泥石屑砂浆的水胶比宜控制为 0.4。

5）刷素水泥浆结合层。素水泥结合层在调浆后应均匀涂刷。素水泥浆水胶比以 0.4～

0.5 为宜，随刷随铺。

6）压光成活。一般采用原浆压光的方法，质量好，砂浆比例 1:（2～2.5），施工要掌握好压出浆的时机，压光三遍成活。也可以浇刮素浆，压光成活。即将水泥与水放入半截桶内拌成素浆，随浇随刮，紧接着用压辊子压光一次成活。严格控制水胶比，干硬性砂浆一般配合比（体积比）为水泥:砂 = 1:（2.5～3），稠度不小于 5cm，水胶比不大于 0.35，要求拌和均匀，用手紧握成团，不见有滴水，手松开散开即可。

7）养护。水泥砂浆面层抹压后，应在常温湿润条件下养护。养护要适时，如浇水过早易起皮，浇水过晚则会使面层强度降低而加剧其干缩和开裂倾向。一般在夏天 24h 后养护，春秋季节应在 48h 后养护。养护时间不应少于 7d；抗压强度应达到 5MPa 后，方准上人行走；抗压强度应达到设计要求后，方可正常使用。

（2）水泥砂浆地面质量通病与预防措施

1）地面空鼓、裂缝。基层清理不干净，仍有浮灰、浆膜或其他污物；基层浇水不足、过于干燥；结合层涂刷过早，早已风干硬结；基层不平，造成局部砂浆厚薄不均，收缩不一。

基层处理经过严格检查方可开始下一道工序；结合层水泥浆强调随涂随铺砂浆；保证垫层平整度和铺抹砂浆的厚度均匀。

2）地面起砂、起粉。水泥砂浆拌合物的水胶比过大；不了解或错过了水泥的初凝时间，致使压光时间过早或过迟；养护措施不当，养护开始时间过早或养护天数不够；地面尚未达到规定的强度，过早上人；原材料不合要求，水泥品种或强度等级不够或受潮失效等还有砂子粒径过细，含泥量超标；冬期施工，没有采取防冻措施，使水泥砂浆早期受冻。

严格控制水胶比；掌握水泥的初、终凝时间，把握压光时机；遵守洒水养护的措施和养护时间；建立制度、安排好施工流向，避免地面过早上人；冬期采取技术措施，一定要使砂浆在正温下达到临界强度；严格进场材料检查，并对水泥的凝结时间和安定性进行复验，强调砂子应为中砂，含泥量不大于 3%。

3）预制楼板地面顺板纵缝方向裂缝。板缝嵌缝质量粗糙低劣；嵌缝养护不认真；嵌缝后下道工序过急；在预制楼板拼缝中电线管走向处理不当；预制构件刚度差；局部地面集中堆荷过大；预制板安装时两块紧靠形成"瞎缝"；预制板安装的时候坐浆不实或未坐浆。

提高板缝嵌缝质量；嵌缝后及时进行养护；待嵌缝后养护至一定强度后进行下道工序；暗敷电线管的板缝应适当放大；挑选刚度足够的预制板；严格控制地面施工荷载；预制板安装的时候，两块板间应留出一定拼缝宽度；预制板安装的时候应坐浆、搁平、安实。

4）预制楼板地面顺板横缝方向裂缝。预制板受荷后板端向上翘；面层施工过早；预制板安装的时候坐浆不实或未坐浆。

在板的搁置处设置钢筋；待横墙沉降稳定后再施工面层；预制板安装适应坐浆、搁置要平。

5）地面面层不规则裂缝。裂缝部位不固定，形状也不相同，有表面裂缝，也有连底裂缝。产生原因：水泥安定性不合格，或不同品种、不同强度等级水泥混用；面层不及时养护或不养护；水泥砂浆过稀，或砂浆搅拌不均匀；底层地面下基土夯填不实；垫层质量差、承载力削弱；面层收缩不均匀，面层厚薄不均；积较大的地面未留伸缩缝；结构变形，地基下沉；用外加剂过量。

使用安定性合格的水泥，不同水泥不混用；面层磨光后应及时养护；严格控制水泥砂浆的水胶比；基土应分层回填，夯打密实；垫层材料混合比应准确，振捣或夯压应密实；面层施工前，应检查基层面平整度，铲高补低；面层边长大于 6m 时应留伸缩缝；在结构设计上尽量避免基层沉降量过大，预制构件应有足够刚度，使用上应防止局部堆荷过大；严格控制外加剂的掺入量。

6）带地漏的地面泛倒水，地面积水不向地漏流去。阳台、外走廊、浴厕间地面面层与相邻房间不一样平；面积标高不准确，未按规定坡度冲筋刮平；地漏过高，形成地漏周围积水；预留的地漏位置不符合安装要求。

阳台、外走廊、浴厕间地面标高应比相邻房间地面标高低 20～50mm；抹面层前，以地漏为中心向周围敷设冲筋，找好坡度，用刮尺刮平，抹面层的时候不留坑洼；安装地漏的时候，注意标高准确，宁低勿高；加强土建与管道安装施工的配合，认真进行施工交底，做到一次留置位置正确。

2. 水磨石地面抹灰施工

（1）操作要点及顺序

1）基层处理。应先检查基层的平整和标高，若凸出较高，影响厚度，要剔凿平整。清理干净杂物、油污和落地砂灰，然后提前一天浇水润湿。

2）做灰饼与冲筋。据地面水磨石厚度的施工要求，从墙面上 +500mm 水平标志线，往下量出地面的标高点。按量好的尺寸在墙四周交圈，弹出地面水磨的标高线。如地面有地漏，要按排水方向找好 0.5%～1% 的坡度泛水。随后按标志线做灰饼，用干硬性砂浆冲筋，其间距为 1～1.5m。

3）确定踢脚板。根据墙面抹灰厚度，在阴阳角处套方量尺、拉线，确定踢脚板的厚度，再按底子灰的厚度冲筋，其间距为 1～1.5m。

4）底层抹灰。地面为 1:3 干硬性水泥砂浆，要求配比正确、拌和均匀。地面按冲筋高度填干硬性砂浆，先用铁抹子将灰拍实，再用木抹子搓平，对低凹处填灰补齐刮平，辊压密实，再次用木抹子搓半。底层抹灰完成后经 2m 靠尺检查，表面平整度偏差在 2mm 以内，标高符合水平线方向为合格。底层抹灰完成后次日即可浇水养护，常温下施工要充分浇水 2～3d，低温或冬期施工可不浇水，应覆盖养护 3～5d。

5）嵌分隔条。分格条常用的有铜条、铝条和玻璃条，镶嵌分格条分为不隔夜条和隔夜条两种。不隔夜条的小八字灰的坡度要缓一些，一般呈 30℃，如图 3-21 所示；隔夜条小八字灰的坡度要陡一些，一般呈 45℃，分格条在两个方向相交处留出 3～4cm 不抹小八字灰，如图 3-22 所示。分格条两边的小八字灰全部抹完收水后，要用刷子蘸水刷一遍。一个方向的分格条镶嵌完后，再换一个方向镶嵌另一个方向的分格条。

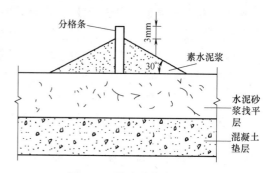

图 3-21 镶嵌分格条示意图

6）铺摊石碴浆。普通水磨石的石碴浆配合比（质量比）一般为 1:（2.5～2.8）（水泥:石碴），彩色水磨石的石碴浆中颜料均以水泥质量百分率计算。在镶嵌好分格条的地面上将积水、杂物清刷干净,薄薄撒一层水泥素浆扫扫匀,随即将拌好的石碴浆先抹镶嵌条边,后倒入镶嵌条的四框中间,用铁抹子将石碴浆由中间向四角推送压实抹平,石碴浆应高出分格条2~3mm。普通水磨石石碴浆程序是先四周框边后中间大面积,由里向外进行铺摊;彩色水磨石铺摊石碴浆程序应先局部花饰和四周框边后中间大面积,另应按先深色后浅色进行铺摊。在石碴浆表面找平后,可再均匀撒一层石碴,随即用30~50kg铁辊筒往返滚压使多余的水泥浆泛于表面。整面表层与分格条面基本持平或略高1mm。当面层收水后可用铁抹子在收光压实一次。铺摊工作有序逐间进行,完成后封闭交通,严禁行人和车辆以保护产品。

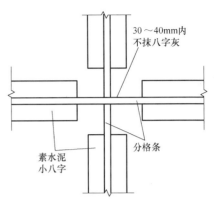

图3-22 分格条十字相交处示意图

7)磨光。面层完成后要适时开始进行磨平、磨光。开磨时间受季节、气候、温度、环境等多种因素的影响,一般春秋季要在最后抹压后30h以上,夏季在24h以上,冬季为48~60h以上。现制水磨石地面的磨石要求见表3-14。第一遍用60~90号粗金刚石,磨至分格条清晰,石子均匀外漏后,换100号金刚石再磨一遍。磨平过程中不可断水,机械不能在一个部位停滞,要边徐徐向前推进,边左右均匀摇摆。磨层要均匀,表面要平整。第一遍磨光后要用靠尺检查,如有过高的突出点要重点磨。磨光后要用清水洗干净,擦去水分,或晾干水分后用同颜色的水泥浆,在表面擦揉一道,要求把砂眼填平。有掉石子的部位要用同颜色的水泥石子浆补平。24h后浇水养护,而后进行第二遍磨平。第二遍用90~120号金刚石,磨至石子大面外漏,表面光滑平整后,用清水冲洗干净磨掉的水泥浆,擦晾干燥后,再用同颜色的水泥砂浆擦一道,把砂眼进一步填平,进行第三遍磨光。第三遍用200~220号金刚石磨至表面洁净光滑、光亮。经冲洗擦晾干后,可上草酸。

表3-14 现制水磨石地面磨石要求

遍数	选用的磨石	要求及说明
一	60~90号粗金刚石	1. 匀磨平,使全部分格嵌条外露 2. 后要将泥浆冲洗干净,稍干后随即涂擦一道同色水泥浆,用以填补砂眼,个别掉落石碴部位要补好 3. 同颜色的磨面,应先涂擦深色浆,后涂浅色浆 4. 擦色浆后养护2~3d
二	90~120号金刚石	磨至表面光滑为止,其他同第一遍2、3、4条
三	200号金刚石	1. 磨至表面石子颗粒显露,平整光滑,无砂眼细孔 2. 用水冲洗后涂草酸溶液(热水∶草酸=110∶35,质量比,溶化冷却后用)一遍
四	240~300号油石	研磨至出白浆表面光滑为止,用水冲洗晾干

8)涂草酸。将磨面用清水冲洗干净、擦干,经3~4d干燥。每千克草酸用3kg沸水化开,待融化冷却后,用布糊草酸溶液擦,再用280号油石在上面磨研酸洗,清除磨面上的所有污垢,至石子表面光滑为止,然后用水冲洗、擦干。

9）抛光、打蜡。抛光是对细磨面的最后加工，使水磨石地面符合验收标准，但是抛光过程不同于细磨过程，它借助于化学和物理作用完成，即腐蚀和填补。抛光工序完成后即可打蜡，用布或干净的麻丝蘸稀糊状的石蜡，均匀涂在水磨石表面，稍干后，用钉有细帆布或麻布的木块替代油石，装在磨石机上研磨。抹出光亮后，打蜡研磨一遍，直至光滑洁亮。

（2）水磨石的质量通病与预防措施。主要的质量问题有空鼓和裂缝。

1）空鼓。在分格条四角处容易出现空鼓。基层处理不干净，没有刷水泥素浆结合层，造成基层与面层黏结不好；分格条的黏结方法不对，十字交叉处没有留空隙，八字角素水泥浆抹的过高，使水泥石子挤不到分格条处；面层抹好后养护措施不当，过早上人行走；边角、墙根边辊压不到或没有认真压实压平；开磨时间太早。

加强基层处理；在分格条十字叉处留出空隙，不抹水泥砂浆，八字角素水泥浆抹不得超过分格条高的1/2；认真辊压，边角处要压到、压实；认真执行养护措施，保证养护时间；正确掌握开磨时间。

2）裂缝。在做大面积水磨石地面时常会出现裂缝。首层地面填土没有夯实，底层、找平层和面层各工序跟得太紧，材料收缩不稳定，其中垫层收缩影响较大；暗敷线管过高，造成周围砂浆牢固不密实或面层过薄；基层清理不干净，预制板缝及端头灌缝不密实。

首层的回填土应分层夯实，不得含有杂物和冻块；垫层保证足够的厚度；暗敷线管不得过分集中或过高；加强基层的清理工作，保证与底层结合牢固。

（3）水磨石面层质量缺陷防治，见表3-15。

表3-15　水磨石面层质量缺陷防治

项目		内容介绍
常见缺陷		水磨石面层质量常见的缺陷有：①分格条显露不清楚、分格条压弯或压碎；②明显的水泥斑痕；③裂缝面层光亮度差；④不同颜色的水泥石子浆色彩污染；⑤分格条两边或交叉处石子显露不清或不均匀；⑥彩色面层深浅不一及面层褪色等
治理方法	当分格条显露不清的治理方法	可在磨石处撒些粗砂，以加大已磨损量
	面层光亮度差的治理方法	重新用细的金刚石或油石涂擦一遍，直到表面光滑为止

3. 大理石、花岗石地面抹灰施工

（1）基层处理。首先按照50cm线拉线（横向或纵向），检查楼（地）面的平整度，如局部凸凹过大，应进行剔凿或用1:3水泥砂浆补平。如钢筋混凝土表面太光滑，应剔凿或用YJ-302界面处理剂进行处理。对基层表面的油污、浮浆、杂物等，应清除干净并用清水刷洗干净。

（2）找规矩、弹线。根据设计要求，确定平面标高位置（水泥砂浆结合层厚度应控制在10～15mm），并在相应的立面上弹线，再根据板块分块情况挂线找中，即在房间取中点、拉十字线。在与走廊直接相通的门口处，与走道地面拉通线。板块分块布置要以十字线对称，如室内地面与走廊地面颜色不同，则分界线应放在门口和门扇中间处。

（3）试拼、试排。根据找规矩的弹线，对每个房间的板材按图集、颜色、纹理试拼，将非整块板对称排放在靠墙部位。试拼后按两个方向编号排列，然后按号码放整齐。当设计

无要求时，应避免出现板块小于1/4边长的边角料。试排就是在房间的两个垂直方向按标准线铺两条干砂带，其宽度大于板块，厚度不小于3cm。要按照施工大样图把板块配好，以便检查板块之间的缝隙：花岗岩、大理石一般要求不大于1mm，水磨石不大于2mm。认真核对板块与墙面、柱管线洞口的相对位置，确定砂浆找平层厚度，以及浴室、厕所等有排水要求房间的泛水。最后把房间主要部位弹出的互相垂直的控制线引至墙。

（4）刷水泥素浆及铺砂浆结合层。试铺后将干砂和板块移开，清扫干净，用喷壶洒水湿润，刷一层素水泥浆（水胶比为0.4~0.5，不要刷得面积过大，随铺砂浆随刷）。根据板面水平线确定结合层砂浆厚度，拉十字控制线，开始铺结合层干硬性水泥砂浆，一般采用（1:2）~（1:3）的干硬性水泥砂浆，干硬程度以手捏成团，落地即散为宜，厚度控制在放上大理石（或花岗石）板块时宜高出面层水平线3~4mm。铺好后用大杠刮平，再用抹子拍实找平（铺摊面积不得过大）。

（5）铺砌大理石（或花岗石）板块。板块应先用水浸湿，待擦干或表面晾干后方可铺设。根据房间拉的十字控制线，纵横各铺一行，作为大面积铺砌标筋用。依据试拼时的编号、图案及试排时的缝隙（板块之间的缝隙宽度，当设计无规定时不应大于1mm），在十字控制线交点开始铺砌。先试铺，即搬起板块，对好纵横控制线，将板块铺落在已铺好的干硬性砂浆结合层上，用橡皮锤敲击木垫板（不得用橡皮锤或木锤直接敲击板块），振实砂浆至铺设高度后，将板块掀起移至一旁，检查砂浆表面与板块之间是否相吻合如发现有空虚之处，应用砂浆填补，然后正式镶铺。先在水泥砂浆结合层上满浇一层水胶比为0.5的素水泥浆（用浆壶浇均匀），再铺板块，安放时四角同时往下落，用橡皮锤或木锤轻击木垫板，根据水平线用铁水平尺找平，铺完第一块，向两侧和后退方向顺序铺砌。铺完纵、横行之后有了标准，可分段分区依次铺砌。一般房间由里后外进行，逐步退至门口，便于成品保护，但必须注意与楼道相呼应。也可从门口处往里铺砌，板块与墙角、镶边和靠墙处应紧密砌合，不得有空隙。

（6）灌缝、擦缝。在板块铺砌后1~2昼夜进行灌浆擦缝。根据大理石（或花岗石）颜色，选择相同颜色矿物颜料和水泥（或白水泥）拌和均匀，调成1:1稀水泥浆，用浆壶徐徐灌入板块之间的缝隙中（可分几次进行），并用长把刮板把流出的水泥浆刮向缝隙内，至基本灌满为止。灌浆1~2h后，用棉纱团蘸原稀水泥浆擦缝，使之与板面擦平，同时将板面上水泥浆擦净，使大理石（或花岗石）面层的表面洁净、平整、坚实。以上工序完成后，面层加以覆盖，养护时间不应小于7d。

（7）镶贴踢脚板。大理石、花岗岩踢脚板的一般高度为100~200mm，厚度为15~20mm。有粘贴法施工和灌浆法施工两种。镶贴踢脚板前，首先清理墙面，提前浇水湿润，按需要量将贴于阳角处的踢脚板的一端用无凿锯切成45°，并用水刷净阴干备用。镶贴由阳角开始向两侧试贴，并检查是否平直、缝隙是否严密、有无缺损掉角等缺陷，合格后才可实贴。不论是采用粘贴法施工还是灌浆施工，都应先在墙面两端各粘贴一块贴脚板，板上沿高度应在同一水平线上，出墙厚度应一致，然后沿两块踢脚板上拉通线，逐块按顺序安装。

粘贴法：根据墙面标筋和标准水平线，用1:(2~2.5)水泥砂浆抹底层并刮平划纹，待底层砂浆干硬后，将已湿润阴干的踢脚板抹上2~3mm素水泥浆进行粘贴，用橡皮锤敲击平整，用水平尺和靠尺随即找平找直，隔夜后用与板面相同颜色的水泥浆擦缝。

灌浆法：将踢脚板临时固定在安装位置，用石膏将相邻的两块踢脚板与地面、墙面之间稳牢，用稠度为 10～15cm 的 1:2 的水泥砂浆灌缝，并随时把溢出的砂浆擦净。待水泥浆终凝后，把石膏铲掉擦净，用与板面相同颜色的水泥浆擦缝。

（8）养护、打蜡。把湿锯末覆盖在擦净的面板上，2～3d 禁止上人；在水泥砂浆结合层达到 1.2MPa 强度时，进行打蜡、上光。

4. 细石混凝土地面抹灰施工

（1）基层处理。先将灰尘清扫干净，然后将黏在基层上的浆皮铲掉，用碱水将油污刷掉，最后用清水将基层冲洗干净。

（2）洒水湿润。在抹面层之前一天对基层表面进行洒水湿润。

（3）抹灰饼。根据已弹出的面层水平标高线，横竖拉线，用与豆石混凝土相同配合比的拌合料抹灰饼，横竖间距 1.5m，灰饼上标高就是面层标高。

（4）抹标筋。面积较大的房间为保证房间地面平整度，还要做标筋（或叫冲筋），以做好的灰饼为标准抹条形标筋，用刮尺刮平，作为浇筑细石混凝土面层厚度的标准。

（5）刷素水泥浆结合层。在铺设细石混凝土面层以前，在已湿润的基层上刷一道 1:(0.4～0.5)（水泥:水）的素水泥浆，不要刷的面积过大，要随刷随铺细石混凝土，避免时间过长水泥浆风干导致面层空鼓。

（6）面层细石混凝土铺设。将搅拌好的细石混凝土铺抹到地面基层上（水泥浆结合层要随刷随铺），紧接着用 2m 长刮杠顺着标筋刮平，然后用辊筒（常用的为直径 20cm，长度 60cm 的混凝土或铁制辊筒，厚度较厚时应用平板振动器）往返、纵横滚压，如有凹处用同配合比混凝土填平，直到面层出现泌水现象，撒一层干拌水泥砂（1:1＝水泥:砂）拌合料，要撒匀（砂要过 3mm 筛），再用 2m 长刮杠刮平（操作时均要从房间内往外退着走）。

（7）抹面层、压光。面层抹压分三遍完成。面层抹压必须在水泥初凝前完成抹平工作，终凝前完成压光工作。如果在终凝后再进行抹压，则水泥凝胶体的凝结结构会遭到破坏，甚至造成大面积的地面空鼓，很难再进行闭合补救。这不仅会影响强度，而且也容易引起面层起灰、脱皮和裂缝等一些质量缺陷。

第一遍抹压，用木抹子搓平后，稍收水用铁抹子轻轻抹压面层，把脚印压平。

第二遍抹压，当面层开始凝结，地面面层上人有脚印但不下陷时，用铁抹子进行第二遍抹压。此时，要注意不得漏压，并将面层上的凹坑、砂眼和脚印压平。

第三遍抹压，当地面面层踩上去稍有脚印，抹压不再有抹子纹时，开始抹压第三遍。第三遍用力稍大，将抹纹抹平压光，并在终凝前完成。

若采用地面压光机压光，在压第二、三遍时，砂浆的干硬度比手工压光应稍大一些。水泥地面三次压光非常重要，要按要求并根据砂浆的凝固情况，选择适当时间进行，分次压光，才能保证工作质量。如果是分格地面，应在撒干水泥砂子干灰面时，待用木抹子搓平以后，按分格要求弹线，然后用铁抹子在弹线两侧各 20cm 宽范围内抹压一遍，再用溜缝抹子划缝，以后随大面压光时，沿分格缝用溜缝抹子抹压两遍后成活。

（8）养护。面层抹压完 24h 后（有条件时可覆盖塑料薄膜养护）进行浇水养护，每天不少于 2 次，养护时间一般至少不少于 7d（房间应封闭养护期间禁止进入）。

5. 陶瓷地砖地面抹灰施工

（1）基层处理、定标高。将基层表面的浮土或砂浆铲掉，清扫干净，有油污时，应用 10% 火碱水刷净，并用清水冲洗干净；根据 +50cm 水平线和设计图找出板面标高。

（2）弹控制线。先根据排砖图确定铺砌的缝隙宽度，一般为缸砖 10mm，卫生间、厨房通体砖 3mm，房间、走廊通体砖 2mm。根据排砖图及缝宽在地面上弹纵、横控制线。注意该十字线与墙面抹灰时控制房间方正的十字线是否对应平行，同时注意开间方向的控制线是否与走廊的纵向控制线平行，不平行时应调整至平行，以避免在门口位置的分色砖出现大小头。

（3）铺砖。铺室内地砖有多种方法，独立小房间可以从里边的一个角开始；相连的两个房间，应从相连的门中间开始。一般来讲是从门口开始，纵向先铺几行砖，找标准（标准砖高应与房间四周墙上砖面控制线齐平），从里向外退着铺砖，每块砖必须与线靠平。两间相通的房间，则从两个房间相通的门口划一中心线贯通两间房，再在中心线上先铺一行砖，以此为准，然后向两边方向铺砖。

（4）拨缝、调整。可在已铺完的砖面层上用喷壶洒水，润湿砖面（对红缸砖之类的无釉砖尤其必要），然后垫一块大而平的木板，人站在板上，进行拨缝、拍实的操作。为保证砖缝横平竖直，可拉线比齐拨缝修理。将缝内多余的砂浆剔出干净，将砖面拍实，如有亏浆或坏砖，应及时抠除添浆重贴或更换砖块。

（5）勾缝。用 1:1 水泥细砂浆勾缝，缝内深度宜为砖厚的 1/3，要求缝内砂浆密实、平整、光滑。随勾随将剩余水泥砂浆清走、擦净。

（6）擦缝。如设计要求缝隙很小时，则要求接缝平直，在铺实修好的面层上用浆壶往缝内浇水泥浆，然后用干水泥撒在缝上，再用棉纱团擦揉，将缝隙擦满。最后将面层上的水泥浆擦干净。

（7）养护。铺设水泥类面层以及水泥花砖、陶瓷马赛克、陶瓷地砖等面层后，其表面应覆盖湿润养护，且养护时间不应少于 7d。当水泥类面层的抗压强度达到 5MPa 以及板块面层的水泥砂浆结合层的抗压强度达到 1.2MPa 时，方可准许人员行走。当上述面层或结合层的抗压强度达到设计要求后，方可正常使用。不得在地面上堆放可能使地面受到破坏的杂物。手推车需要经过所铺地面时，必须铺设木板。严禁在已完成的面层上堆放或拌和各种砂浆和混凝土，也不得在上面进行切割作业。试拼应在地面平整的房间或操作棚内进行，调整板块的人员，宜穿干净的软底鞋，以免在搬动调整板块时损伤面层。地面铺设时，对所接触的电线管、暖卫管等要有保护措施。

（8）陶瓷地砖地面抹灰质量验收

各种面层所用的板块品种、质量必须符合设计要求。检验方法：观察检查和检查材质合格证明检测报告。

面层与下一层结合（黏结）必须牢固，无空鼓。检验方法：用小锤轻击检查。

砖面层应表面洁净、图案清晰、色泽一致、接缝平整、深浅一致、周边顺直。板块无裂纹、掉角和缺棱等现象。检验方法：观察检查。

面层邻接处的镶边用料尺寸应符合设计要求，且边角整齐、光滑。检验方法：观察和用金属直尺检查。

楼踏步和台阶的铺贴缝隙宽度一致、齿角整齐，楼层梯段相邻踏步高差不超过 10mm，防滑条顺直。检验方法：观察和用金属直尺检查。

面层表面坡度应符合设计要求，不倒泛水，无积水，与地漏（管道）结合处牢固、无渗漏。检验方法：观察、泼水或坡度尺及蓄水检查。

（9）陶瓷地砖地面抹灰施工的质量缺陷防治：基层表面必须清除干净，并浇水湿润不得有积水，基层表面应均匀涂刷纯水泥浆；地砖在铺贴前浸水湿润，并将板背面浮灰杂物清扫干净；加强进场质量检验，对几何尺寸不准、翘曲、歪斜、厚薄偏差过大等问题要挑出；铺贴前，应有专人负责从楼道统一往房间引进标高线；房间内应四边取中，在地面上弹出十字线，铺好分段标准块后，由中间向两侧和后退方向铺贴，随时用水平尺和直尺找平，缝隙必须通长拉线，不能有偏差；分段尺寸要事先排好定死，以免最后一块铺不上或缝隙过大。

6. 塑料板面层抹灰施工

（1）基层处理。地面基层为水泥砂浆抹面时，表面应平整（其平整度采用2m直尺检查时，其允许空隙不应大于2mm）、坚硬、干燥，无油及其他杂质。当表面有麻面、起砂、裂缝现象时，应采用乳液腻子处理［配合比为水泥:108胶:水 = 1:(0.2~0.3):0.3］。处理时每次涂刷的厚度不应大于0.8mm，干燥后应用0号铁砂布打磨，然后再涂刷第二遍腻子，直到表面平整后，再用水稀释的乳液涂刷一遍［配合比为水泥:108胶:水 = 1:(0.5~0.8):(6~8)］。

基层为预制大楼板时，将大楼板过口处的板缝勾严、勾平、压光。将板面上多余的钢筋头、埋件剔掉，凹坑填平，板面清理干净后，用10%的火碱水刷净，晾干。再刷水泥乳液腻子［配合比为水泥:108胶:水 = 1:(0.2~0.3):0.4］，刮平后，第二天磨砂纸，将其接槎痕迹磨平。地面基层处理完之后，必须将基层表面清理干净，在铺贴塑料板块前不得进其他工序操作。

（2）弹线。将房间依照塑料板的尺寸，排出塑料板的放置位置，并在地面弹出十字控制线的分格线。可直角铺设，也可弹45°或60°斜角铺板线。

（3）刷底胶。首先应将基层清理干净，并在基底上刷一道薄而均匀的底胶，底胶干后，按弹线位置沿轴线由中央向四面铺贴。

（4）塑料卷材铺贴。先按已计划好的卷材铺贴方向及房间尺寸裁料，按铺贴的顺序编号。刷胶铺贴时，将卷材的一边对准所弹的尺寸线，用压辊压实，要求对线连接平顺，不卷不翘。

（5）上蜡抛光。铺贴好塑料地面及踢脚板后，用墩布擦干净、晾干，然后用砂布包裹已配好的上光软蜡，满涂1~2遍［质量配合比为软蜡:汽油 = 100:(20~30)，另掺1%~3%与地板相同颜色的颜料］，稍干后用净布擦拭，直至表面光滑、光亮。

（6）成品保护。塑料地面铺贴完后，房间应设专人看管，非工作人员严禁入内，必须进入室内工作时，应穿拖鞋；塑料地面铺贴完后，及时用塑料薄膜覆盖保护好，以防污染；严禁在面层上放置油漆容器；电工、油工等工种操作时所用木梯、凳腿下端头，要包泡沫塑料或软布头，防止划伤地面。

7. 楼梯抹灰

（1）基层处理。首先把楼梯上的杂物和灰渣等，从上至下一步步清理干净，混凝土凹凸不平处剔凿抹平后清理干净，浇水湿润。

（2）弹线分步。楼梯踏步，不论预制或现浇，在结构施工阶段必然有尺寸误差，应放线纠正。其方法是依据平台标高和楼面标高，在楼梯侧面墙上和栏板上弹一道踏级分步标准线，如图3-23所示。抹面操作时，踏步的阳角要落在标准线上，每个踏级的高和宽的尺寸应一致，使踏级的阳角在标准线上的距离相等。不靠墙的独立楼梯无法弹线，要左右上下拉小线操作，保证踏步宽、高一致。结构施工阶段踏步尺寸较大的楼梯，要先进行斩凿和必要的技术处理。

（3）抹底子灰。浇水润湿基层表面后，刷素水泥浆或洒一道水泥浆，接着抹 1:3 水泥浆底灰，厚度为 10～15mm。抹灰时，先抹立面再抹平面，一级级由上往下抹。抹立面时，靠尺板应压在踏步板上，按尺寸留出灰头，与踏步板的尺寸一致，依着八字靠尺上灰，再用木抹子搓平，如图 3-24 和图 3-25 所示。

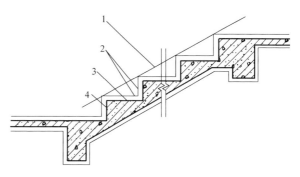

图 3-23　分步标准线

1—分步标准线　2—踏步高和宽线　3—踏步线　4—踢脚板

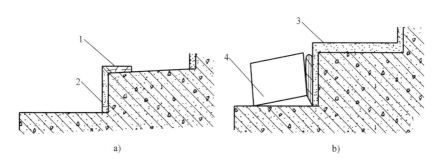

图 3-24　踏步抹灰

1—八字靠尺　2—立面抹灰　3—平面抹灰　4—临时固定靠尺用砖

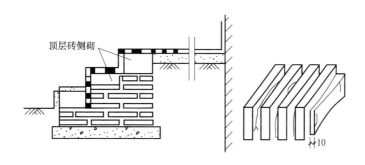

图 3-25　砖踏步抹灰示意图

（4）抹罩面灰。罩面时用 1:2 水泥砂浆，厚度 8～10mm，压好八字尺，根据砂浆收水的干燥程度，可以连做几个台阶，再返上去借助八字靠尺，用木抹子搓平，钢片抹子压光，阴阳角处用阴阳角抹子抒光。

（5）抹防滑条。踏步设有防滑条时，抹面过程中，应距踏步口 40～50mm 处，用素水泥浆粘上宽 20mm、厚 7mm 似梯形的分格条。分格条必须事先泡水浸透，粘贴时小口朝下便于起条。抹面时使罩面灰与分格条平。罩面层压光后，就可起出分格条。也可以在抹完罩面灰后随即用一刻槽尺板（图 3-26），把防滑条位置的面层灰挖掉，以此来代替贴分格条。

（6）抹勾角（图3-27）。如楼梯踏步设有勾角，也称挑口，即踏步外侧边缘的凸出部分，抹灰时，先抹立面后抹平面，踏步板连同勾角要一次成活，但要分层做。贴于立面靠尺的厚度要正好是勾角的厚度，勾角一般凸出15mm左右。抹灰时每步勾角进出应一致，立面厚度也要一致，并用阳角抹子将阳角压实捋光。

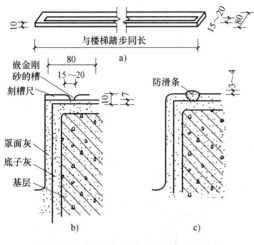
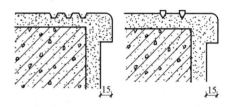

图3-26 踏步防滑条（刻槽尺做法）

图3-27 踏步勾角抹灰

实例提示

悬吊式顶棚吊顶类型

（1）根据结构构造形式的不同，吊顶可分为整体式吊顶、活动式装配吊顶、隐蔽式装配吊顶和开敞式吊顶等。

（2）根据材料的不同，吊顶可分为板材吊顶（图3-28）、轻钢龙骨吊顶（图3-29和图3-30）、金属吊顶（图3-31和图3-32）等。

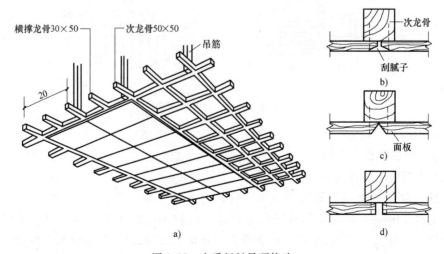

图3-28 木质板材吊顶构造

a）仰视图 b）密缝 c）斜槽缝 d）立缝

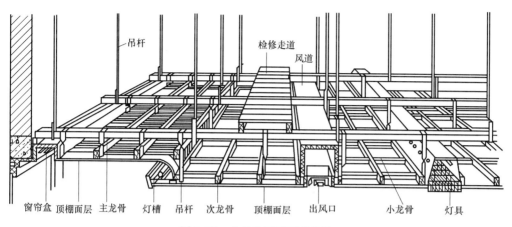

图 3-29　龙骨外露吊顶的构造

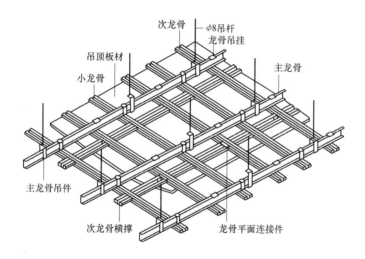

图 3-30　不露龙骨吊顶的构造

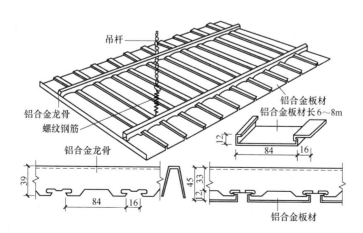

图 3-31　密铺铝合金条板吊顶

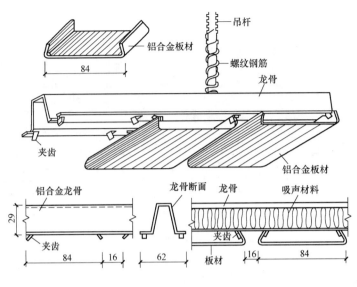

图 3-32 开敞式铝合金条板吊顶

小经验

1. 一般内墙抹灰工程细部控制要点有哪些?

答:(1)墙柱门口的阴阳角。抹灰施工时,制作L50×5、长50cm角铁工具顺直阴阳角,并用方尺控制阴阳角方正。

(2)门口位置。门口施工时一定要搞清楚吃口宽度,特别应注意几个组同时施工的情况,以免抹灰结束后,各门口抹灰面压门框宽窄不一。另外是门口抹灰前一定要检查门框安装位置、垂直度,避免门框与墙不平行,门框距墙中宽度不一。

(3)内外墙交接窗口位置。有的工程内墙靠框架柱边齐,框架柱边兼做窗边,这时施工时一定要等外墙瓷片排好版后再施工内墙。避免先施工内墙,再施工外墙面砖时,内外墙在窗口位置不同面。

(4)房间找方。房间找方也非常重要,在抹灰的时候应注意。

(5)窗口位置。不少工程铝合金窗安好之后,三边缝大小不一、偏差较大。原因是窗口两边抹灰不垂直。窗上口不水平,只好返工窗口抹灰。针对这种情况,如果当初抹灰时对窗口位置加强控制的话,则完全可以避免如此后果。

(6)抹灰面层。护壁墙施工时,易出现的问题是:罩面白灰膏或素水泥浆施工过迟,压面无法压光滑,有细小格楞,涂料施工时,不得不用砂纸将小格楞磨平,既费工又费时。

此外,还应注意墙体踢脚板位置、吊顶标高位置和平整度。

2. 大理石、花岗石地面抹灰应预防的质量问题有哪些?

答:(1)板面与基层空鼓。混凝土垫层清理不干净或浇水润湿不够,刷素水泥浆不均匀或刷完时间过长已风干,黏结层变成隔离层。此外,大理石(光岗石)板未浸水润湿等因素,也会引起空鼓。必须严格遵守工艺操作要求,认真做好每道工序。

(2)接缝高低不平、缝子宽窄不均。板块有厚薄、宽窄、窜角、翘曲等缺陷,事先挑选不严,铺设后在接缝处不平,产生缝子不匀现象;各房间内水平标高线不统一,铺贴时未严格拉通线控制,使与楼道相接的门口处出现地面高低偏差;地面铺贴后,成品保护不好,养护期内使用过早,板缝也易出现高低差。针对以上存在的问题,应严格挑选板块,凡是翘曲不平、宽窄不方正的板材剔出不用;按标志块铺贴,并随时用水平尺和直尺检验,缝子必须拉通线,不能有偏差;房间内的标高线,要有专人负责引入,且各房间和楼道的标高必须交圈。

(3) 踢脚板出墙的厚度不一致。在镶贴踢脚板时,必须拉通线加以控制,如墙面不平整,应及时修整墙面。

3. 细石混凝土地面抹灰应预防的质量问题及预防措施有哪些?

答:(1) 地面起砂。地面起砂的原因是:水泥强度等级不够或使用过期水泥,或水胶比过大,抹压遍数不够,养护不好、不及时。在施工时要用合格的材料,严格按照标准和操作工艺进行操作,并应加强养护。

(2) 空鼓开裂。空鼓开裂的原因是:砂子过细,楼面基层清理不干净或有油污等,素水泥浆刷得不均匀,抹压不实,地面未做分格缝,基层面未进行浇水润湿等。施工时,应加强责任心,每道工序都必须按工艺要求落实到人。

(3) 地面不平或漏压。在地面的边角处和水暖立管四周最容易出现漏压和不平现象。操作时要认真细致,每遍抹压后要检查一遍,以防漏压。

(4) 倒泛水。在厕所、洗澡间、厨房等有地漏的房间,在冲筋时必须找好0.5%泛水坡,避免地面积水或倒流水。

(5) 面层抹纹多,不光。主要原因是铁抹子抹压遍数不够或交活太早,最后一遍抹压时应抹压均匀,将抹纹压平压光。

4. 简述陶瓷地砖地面抹灰的施工要点。

答:(1) 混凝土地面应将基层凿毛,凿毛深度5~10mm,凿毛痕的间距为30mm左右。之后,清净浮灰、砂浆、油渍。

(2) 铺贴前应弹好线,在地面弹出与门道口成直角的基准线,弹线应从门口开始,以保证进口处为整砖,非整砖置于阴角或家具下面。弹线应弹出纵横定位控制线。

(3) 铺贴陶瓷地面砖前,应先将陶瓷地面砖浸泡阴干。

(4) 铺贴时,水泥砂浆应饱满地抹在陶瓷地面砖背面,铺贴后用橡皮槌敲实。同时,用水平尺检查校正,擦净表面水泥砂浆。

(5) 铺贴完2~3h后,用白水泥擦缝,用水泥:砂子 = 1:1(体积比)的水泥砂浆,缝要填充密实,平整光滑。再用棉丝将表面擦净。

5. 简述楼梯抹灰常见的质量通病与防治措施。

答:(1) 踏步宽度和高度不一。

原因分析:结构施工阶段踏步的高、宽尺寸偏差较大,抹面层灰时,又未认真弹线纠正,而是随高就低地进行抹面;虽然弹了斜坡标准线,但没有注意将踏步高和宽等分一致,所以尽管所有踏步的阳角都落在所弹的踏步斜坡标准线上,但踏级的宽度和高仍然不一致。

防治措施:加强楼梯踏步结构施工的复尺检查工作,使踏步的高度和宽度尽可能一致,偏差控制在±10mm以内;抹踏步面层灰前,应根据平台标高和楼面标高,先在侧面墙上弹一道踏步斜坡标准线，然后根据踏级步数将斜线等分，这样斜线上的等分点即为踏级的阳角位置，也可根据斜线上各点的位置，抹前对踏步进行恰当修正；对于不靠墙的独立楼梯，如无法弹线，可在抹面前，在两边上下拉线进行抹面操作，必要时做出样板，以确保踏步高、宽尺寸一致。

（2）同一梯段步级不均匀，相邻两级踏步级差超过规范不大于 20mm 的规定。

原因分析：结构施工时步级高、宽尺寸偏差较大；面层装修施工时未认真进行弹线操作，而是随高就低做面层；弹线时未预先确定上、下平台面层标高而盲目弹线。

防治措施：在结构施工阶段注意复尺，控制步级的高度与宽度偏差；踏步面层施工前应根据设计要求确定上、下平台面层标高，在楼梯一侧墙面弹出一道踏步标准斜坡线，然后根据踏步的步数将斜线等分，画出各踏步做面层后的高、宽尺寸及形状。

（3）楼梯中央空鼓。

原因分析：基层清基不彻底，残留在基层表面的各种浮灰成了面层与基层之间的隔离剂而产生空鼓；抹灰前基层未润湿；抹灰的水泥砂浆水胶比过大；用水泥石灰混合砂浆打底。

防治措施：充分做好基层清基工作，并在抹灰前一天将基层浇水充分润湿；严禁用水泥石灰混合砂浆打底抹灰；严格控制抹灰砂浆的水胶比。

第4章

装饰抹灰工程施工技术

必备知识点

必备知识点1　水刷石、干粘石、斩假石和假面砖技术

1. 水刷石技术

装饰抹灰常用的饰面有水磨石、水刷石、干粘石、斩假石与仿斩假石、喷涂饰面和滚涂饰面等。

（1）水刷石施工作业条件。结构工程已验收合格，检查结构的平整度和垂直度，不符合要求的应重新处理；预留孔、预埋件均已处理好，门窗框和各种管线都已安装，缝隙已填实；满足水刷石施工的外架子已搭好，通过安全检查；根据设计要求，大面积施工应先做好一块样板，并已通过；有专人统一配料，看色调和级配是否符合要求；准备和安装好的施工机具已齐全。

（2）施工准备。水泥选用普通硅酸盐、矿渣硅酸盐水泥以及白水泥，强度等级在32.5级以上，要求同批号、同厂家，并经过复验。砂选用质地坚硬的中砂，且含泥量不大于3%，使用前经过5mm筛子过筛。石碴洁净、坚实，按粒径、颜色分堆，粒径分为大八厘（8mm），中八厘（6mm），小八厘（4mm）。石灰膏熟化期不少于30d，洁净，不含杂质与未熟化的颗粒。用小豆石做水刷石墙面材料时，其粒径以 5~8mm 为宜，含泥量不大于1%，要求坚硬、粒径均匀，使用前宜过筛，筛去粉末，清除僵块，用清水洗净，晾干备用。石灰粉使用前要将其焖透熟化，时间应不少于7d，使充分熟化，使用时不得含有未熟化的颗粒和杂质。颜料应采用耐碱性和耐光性较好的矿物质颜料，使用时应采用同一配比与水泥干拌均匀，装袋备用。胶黏剂应符合国家规范标准要求，掺加量应通过试验。

施工用机具有砂浆搅拌机和手推车。主要工具有：水压泵（可根据施工情况确定数量）、喷雾器、喷雾器软胶管（根据喷嘴大小确定口径）、铁锹、筛子、木杠（大小）、钢卷尺（标、验）、线坠、画线笔、方口尺（标、验）、水平尺（标、验）、水桶（大小）、小压子、铁溜子、钢丝刷、托线板、粉线袋、钳子、钻子、笤帚、木抹子、软（硬）毛刷、灰勺、铁板、铁抹子、托灰板、灰槽、小线、钉子、胶鞋等（标，指检验合格后进行的标识；验，指量具在使用前应进行检验合格）。

（3）水刷石施工工艺流程，如图4-1所示。

（4）应注意的安全事项。外檐抹灰操作前，应首先检查一下脚手架，特别是吊篮脚手

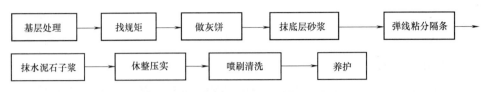

图 4-1　水刷石施工工艺流程示意图

架有无事故隐患和不安全处，发现问题要及时处理，然后再上脚手架操作；如果利用结构施工的脚手架时，必须按抹灰要求由架子工来拆改，禁止抹灰工自行翻脚手板或搭临时脚手架。外檐抹灰时，必须戴好安全帽，防止被上层下落物砸伤；在脚手架上操作时，要特别注意将工具放置平稳，靠尺板、直尺等不得斜靠在墙面上，应平放在脚手板上。六级大风以上的气候不得在高层做水刷石。

（5）水刷石分层做法配合比见表 4-1。

表 4-1　水刷石分层做法配合比

基体	分层做法配合比	厚度/mm	示意图
墙砖	①1:3 水泥砂浆抹底层	5~7	
	②1:3 水泥砂浆抹中层	5~7	
	③刮一遍水胶比为 0.40~0.50 水泥浆	1	
	④1:2.25 水泥 6mm 石粒浆（或 1:0.5:2 水泥石灰石粒浆）和 1:1.5 水泥 4mm 石粒浆（1:0.5:2.25 水泥石灰膏石粒浆）	15 10	
混凝土墙	①刮水胶比为 0.37~0.40 水泥浆或洒水泥浆		
	②1:0.5:3 水泥混合砂浆抹底层	0~7	
	③1:3 水泥砂浆抹中层	5~6	
	④刮一遍水胶比为 0.40~0.50 水泥浆	1	
	⑤1:1.25 水泥 6mm 石粒浆（1:0.5:2 水泥石灰膏石粒浆）和 1:1.5 水泥 4mm 石粒浆（或 1:0.5:2.25 水泥石灰膏石粒浆）	15 10	

2. 干粘石技术

（1）施工前准备。干粘石一般多用于两层以上楼房的外墙装饰，施工前检查验收主体结构的垂直度和平整度，不符合要求时应及时返工。检查门窗框及其他配件、预埋件是否安装正确。兑色灰美术干粘石的色调能否达到均匀一致，这主要在于色灰兑得准不准、细不细。应按照样板配比兑色灰。每次兑色灰要保持一定段落、一定数量或者一种色泽，防止中途多次兑色灰而造成色泽不一致。兑色灰时，要使用大灰槽子，将称量好的水泥及色粉投入后，进行人工或机械拌和，再过一道箩筛，然后装入水泥袋子，逐包过秤，注明色灰品种，封好进库待用。

（2）作业条件。外架子提前支搭好，最好选用双排外脚手架或桥式架子，若采用双排外架子，最少应保证操作面处有两步架的脚手板，其横竖杆及拉杆、支杆等应离门窗口角200～250mm，架子的步高应满足施工需要。

预留设备孔洞应按图纸上的尺寸留好，预埋件等应提前安装并固定好，门窗口框安装好，并与墙体固定，将缝隙填嵌密实，铝合金门窗框边提前做好防腐及表面粘好保护膜。

墙面基层清理干净，脚手眼堵好。混凝土过梁、圈梁、组合柱等，将其表面清理干净，突出墙面的混凝土剔平，凹进去部分应浇水润透后，用掺水重10%108胶的1∶3水泥砂浆分层补平，每层补抹厚度不应大于7mm，且每遍抹后不应跟得太紧。加气混凝土板凹槽处修补应用掺水重10%108胶1∶1∶6的混合砂浆分层补平，板缝亦应同时勾平、勾严。

预制混凝土外墙板防水接缝已处理完毕，经淋水试验，无渗漏现象。确定施工工艺，向操作者进行技术交底。大面积施工前先做样板墙，经有关人员验收后，方可按样板要求组织施工。

（3）材料要求。石子粒径以小一点为好，但也不宜过小或过大，太小则容易脱落泛浆，过大则需增加黏结层厚度，粒径以5～6mm或3～4mm为宜。使用时，将石子认真淘洗、择渣，晾晒后袋装予以分类储存备用。

水泥必须用同一品种、同一型号，其强度等级不低于42.5级，过期水泥不准使用。

砂子最好是中砂或粗砂与中砂混合掺用。中砂平均粒径为0.35～0.5mm，要求颗粒坚硬洁净，含泥量不得超过3%，使用前过筛。不要用细砂、粉砂，以免影响黏结强度。

石灰膏应控制含量，一般灰膏的掺量为水泥用量的1/2至1/3。用量过大，会降低面层砂浆的强度。合格的石灰膏中不得有未熟化的颗粒。

原则上要使用矿物质的颜料粉，如现用的铬黄、铬绿、氧化铁红、氧化铁黄、炭黑、黑铅粉等。不论用哪种颜色粉，进场后都要经过试验。颜色粉的品种、货源、数量要一次进够，在装饰抹灰工程中，要特别注意这一点，否则无法保证色调一致。

（4）干粘石施工工艺流程，如图4-2所示。

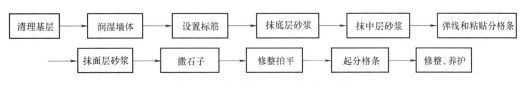

图4-2　干粘石施工工艺流程示意图

3. 斩假石技术

斩假石又称剁斧石，是仿制天然石料的一种建筑饰面。用不同的骨料或掺入不同的颜料拌成水泥石粒浆，涂抹在水泥砂浆基层上，待硬化后，用剁斧、齿斧和各种凿子等工具剁成仿花岗石、玄武石、青条石等斩假石。斩假石装饰效果好，一般多用于外墙面、勒角、室外台阶等。

（1）作业条件。斩假石施工前要求结构工程已验收合格，门、窗框及各种预埋件已符合要求；做台阶时，要把门窗框立好并固定牢固；墙面施工搭好脚手架，符合施工要求。

（2）材料要求。水泥品种多为强度等级为32.5级的普通硅酸盐水泥，要求同一生产厂家，同一批号，一次备齐，以保证饰面层色调一致。配制水泥石屑浆时，底、中层用42.5

级水泥，面层用 32.5 级水泥。

砂子宜选用粗、中砂，含泥量不大于 3%。

石屑要坚韧有棱角，但又不能过于坚硬，且不准使用风化了的石屑。

有颜色的墙面，应挑选耐碱、耐光的矿物颜料，并与水泥一次干拌均匀，过筛装袋以备用。

工具，除了要用到一般抹灰的常用工具外还有斩假石专用工具：单刃斧、多刃斧、棱点锤、錾子、线条模板、钢丝刷、扁凿等。其专用工具如图 4-3 ~ 图 4-5 所示。

图 4-3　扁凿

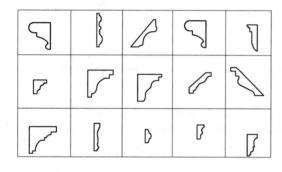

图 4-4　线条模板

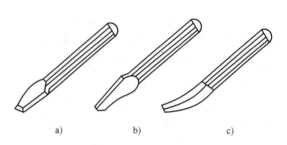

图 4-5　常用錾子
a）平錾　b）尖錾　c）油槽錾

（3）斩假石施工工艺流程，如图 4-6 所示。

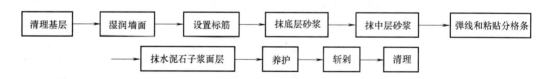

图 4-6　斩假石施工工艺流程示意图

（4）质量标准要求与允许偏差见表 4-2、表 4-3。

表 4-2　保证项目和基本项目要求

类别	内　容
保证项目	斩假石所用材料的品种、质量、颜色图案必须符合设计要求和现行标准规定 各抹灰层之间及抹灰层与基体之间必须黏结牢固，无脱层、空鼓和裂缝等缺陷
基本项目	表面剁纹均匀顺直，深浅一致，颜色一致，无漏剁处。阳角处横剁或留出不剁的边宽窄一致，楞角无损坏 分格缝宽度和深度均匀一致，条（缝）平整光滑，楞角整齐，横平竖直、通顺 滴水槽（线）流水坡向正确，滴水线顺直，滴水槽宽度、深度均不小于 10mm，整齐一致

表4-3　斩假石的允许偏差

项　目	允许偏差/mm	检验方法
立面垂直	4	用2m托线板检查
表面平整	3	用2m靠尺和楔尺检查
阴阳角垂直	3	用2m托线板检查
阳角方正	3	用20cm方尺和楔尺检查
墙裙、勒脚上口平直	3	拉5m小线和尺量检查
分格缝平直	3	拉5m小线和尺量检查

4. 假面砖技术

假面砖又称仿釉面砖，是采用掺氧化铁和颜料的水泥砂浆，用手工操作，模拟面砖装饰效果的一种饰面做法。这种抹灰造价低、操作简单，效果好，一般适用于外墙装饰。图4-7为假面砖抹灰示意图。

（1）施工条件。主体结构墙面工程已验收合格，垂直度和平整度都符合施工质量要求；施工要求的架子都已搭设好；墙体样板已通过，砂浆配合比已确定，并有专人统一配料。这些工作完成后可以进行假面砖施工。

（2）常用材料。水泥选用普通硅酸盐水泥，强度等级42.5级以上，要求同批号、同厂家，并经过复验。砂采用中粗砂，含泥量不得大于3%。石碴要求用坚

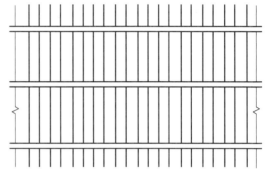

图4-7　假面砖抹灰示意图

硬岩石（白云石、大理石）制成，粒径应在4mm以下。彩色砂浆一般按设计要求的色调合理调配，并先做出样板，确定标准配合比，其配合比见表4-4。

表4-4　彩色砂浆配合比

设计颜色	普通水泥	白水泥	石灰膏	颜料(按水泥质量)(%)	细　砂
土黄色	5		1	红铁氧(0.2~0.3) 黄铁氧(0.1~0.2)	9
咖啡色	5			红铁氧(0.5)	9
淡黄色		5		铬黄(0.9)	9
浅桃色		5		铬黄(0.5)、红珠(0.4)	9
淡绿色		5		铬绿(2)	白色细砂 9
灰绿色	5		1	铬绿(2)	白色细砂 9
白色		5			白色细砂 9

（3）专用工具。专用工具有靠尺板、铁梳子和铁钩子。在普通尺板上划出假面砖大小的刻度即为靠尺板；在2mm厚钢板一端剪成锯齿形，即为铁梳子，如图4-8所示；用直径

6mm 的钢筋砸成扁钩，即为铁钩子，如图 4-9 所示。

图 4-8　铁梳子

图 4-9　铁钩子

（4）假面砖施工工艺流程，如图 4-10 所示。

图 4-10　假面砖施工工艺流程示意图

必备知识点 2　拉毛和拉条灰技术

1. 拉毛技术

拉毛技术是一种传统的装饰抹灰，除了造成一定肌理效果，还用于有声学要求的礼堂、影剧院等室内墙面。

（1）主要机具。搅拌机、铁板（拌灰用）、5mm 筛子、铁锹、大平锹、小平锹、灰镐、灰勺、灰桶、铁抹子、木抹子、大杠、小杠、担子板、粉线包、小水桶、笤帚、钢筋卡子、手推车、胶皮水管、八字靠尺、分格条等。

（2）施工材料。水泥采用 32.5 级普通硅酸盐水泥及矿渣硅酸盐水泥，应用同一批号的水泥。砂采用中砂，过 5mm 孔径的筛子，其内不得含有草根、杂质等有机物质。掺合料有石灰膏、粉煤灰、磨细生石灰粉。如采用生石灰淋制石灰膏，其熟化时间不少于 30d，如采用生百灰粉拌制砂浆，则熟化时间不少于 3d。水应用自来水或不含有害物质的洁净水。胶黏剂有 108 胶、聚醋酸乙烯乳液等。

（3）拉毛灰的类型。按拉毛所用工具分为拉毛和搭毛；按拉出毛头情况分为拉长毛、拉短毛、拉粗毛和拉细毛；按拉毛灰施工层数分为两层施工、三层施工和四层施工；按拉毛罩面材料分为纸筋石灰罩面拉毛和水泥石灰砂浆拉毛；按墙面功能分有外墙面拉毛装饰和有音响要求的礼堂墙面装饰。

（4）作业条件。结构工程全部完成，且经过结构验收达到合格。装修外架子必须根据拉毛施工的需要调整好步数及高度，严禁在墙面上预留脚手眼及施工孔洞。常温施工时墙面必须提前浇水，并清理好墙面的尘土及污垢。抹灰前门窗框应提前装好，并检查安装位置及安装牢固程度，符合要求后，用 1:3 水泥砂浆将门窗与墙体连接的缝隙塞实、堵严；若缝隙较大时，应在砂浆内掺少量麻刀嵌塞密实。铝合金门窗与墙体连接缝隙的处理应按设计要求嵌填。阳台栏杆、挂衣铁件、墙上预埋设的管道、设备等，应提前安装好。将柱、梁等凸出墙面的混凝土剔平，凹处提前刷净，用水洇透后，用 1:3 水泥砂浆或 1:1:6 混合砂浆分层补平。预制混凝土外墙板接缝处，应提前处理好，并检查空腔是否畅通，缝勾好后进行淋水试验，无渗漏方可进行下道工序。加气混凝土表面缺棱掉角需分层修补，做法是：先润湿基层表面，刷掺用水量 10% 的 108 胶水泥浆一道，紧跟着抹 1:1:6 混合砂浆，每层厚度控制在 5～7mm。拉毛灰大面积施工前，应先做样板，经鉴定并确定施工方法后，再组织施工。高层建筑应用经纬仪在大角两侧、门窗洞口两边、阳台两侧等部位打出垂直线，做好灰饼；多层建筑可用特制的大线坠从顶层开始，在大角两侧、门窗洞口两侧、阳台两侧吊出垂直线，做好灰饼。

（5）拉毛施工工艺流程，如图 4-11 所示。

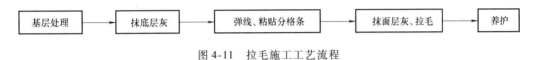

基层处理 → 抹底层灰 → 弹线、粘贴分格条 → 抹面层灰、拉毛 → 养护

图 4-11　拉毛施工工艺流程

（6）拉毛抹灰允许偏差和检验方法见表 4-5。

表 4-5　拉毛抹灰允许偏差和检验方法

项次	项　目	允许偏差/mm	检验方法
1	表面平整	4	用 2m 靠尺及楔形塞尺检查
2	阴阳角垂直	4	用 2m 托线板检查
3	立面垂直	5	用 2m 托线板检查
4	阳角方正	4	用 20cm 方尺和楔形塞尺检查

2. 拉条灰技术

拉条灰是以砂浆和灰浆做面层，然后用专用模具在墙面拉制出凹凸状平行条纹的一种内墙装饰抹灰方法。拉条灰专用工具有条形模具和木轨道。

（1）拉条灰施工工艺流程，如图 4-12 所示。

基层处理 → 抹底、中灰 → 弹木轨道位置线、贴木轨道 → 抹面层砂浆 → 拉条 → 取下木轨道 → 刷涂料

图 4-12　拉条灰施工工艺流程示意图

（2）操作要点。基层处理、抹底、中灰操作方法同一般抹灰。按拉条模具长度，弹出竖向墨线，再用黏稠的水泥浆粘贴木轨。木轨道应浸水湿润后再粘贴，同时用靠尺靠平找直，轨道安装要求平直，间距一致。常见的拉条抹灰做法有细条形抹灰、粗条形抹灰和金属网墙面拉条抹灰。

必备知识点 3　喷涂、滚涂和弹涂技术

1. 喷涂技术

（1）施工准备。水泥选用普通硅酸盐水泥，强度等级 32.5 级以上，要求同批号、同厂家，并经过复验。喷涂饰面材料及砂浆配合比见表 4-6。砂采用中粗砂，含泥量不得大于 3%。颜料用耐光耐碱的矿物颜料，其掺入量一般是水泥质量的 1%～5%。聚乙烯醇缩丁醛，外观白色或微黄色粉末，须溶解于酒精（9% 酒精:聚乙烯醇缩丁醛为 17:1）中方可使用。

表 4-6　喷涂饰面材料及砂浆配合比（质量比）

饰面做法	水泥	颜料	细骨料	甲基硅醇钠	木质素磺酸钙	聚乙烯醇缩甲醛胶	石灰膏	砂浆稠度/cm
波面	100	适量	200	4～6	0.3	10～15		13～14
波面	100	适量	400	4～6	0.3	20	100	13～14
粒状	100	适量	200	4～6	0.3	10		10～11
粒状	100	适量	400	4～6	0.3	20	100	10～11

喷涂除一般抹灰常用的常规机具和手工机具外还应使用喷枪、喷斗，如图 4-13 和图 4-14 所示。

图 4-13　喷枪　　　　　　　　　　　　　　　图 4-14　喷斗

（2）喷涂施工工艺流程，如图 4-15 所示。

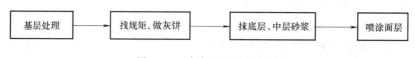

基层处理　→　找规矩、做灰饼　→　抹底层、中层砂浆　→　喷涂面层

图 4-15　喷涂施工工艺流程

（3）施工条件。检查墙体上所有预埋件、门窗及各种管道，其安装位置应准确无误；楼板面上孔洞应堵塞密实，凸凹部分应剔补平整。墙面、顶棚面、地面上的灰尘、污垢、油渍等应清除干净。墙面喷涂宜先做好踢脚板、墙裙、窗台板、柱子和门窗口的水泥砂浆护角线以及钢筋混凝土过梁的底层灰。墙面上如有抹灰分格缝的，应先将分格条按分格位置粘牢。根据实际情况提前适量浇水湿润。根据墙面平整度及装饰要求，找出规矩，设置标志（俗称做塌饼）及标筋（俗称做冲筋）。标筋可做横筋或竖筋。层高 3m 以下时，横筋宜做二道，筋距 2m 左右；层高 3m 及其以上时，宜做三道横筋，下道筋应设在踢脚板上口处。做竖筋时，竖筋间距宜为 1.2～1.5m，两端竖筋设在阴角处。横筋或竖筋其宽度宜为 3～5cm。不同材料的结构相接处，应加钉金属网，并绷紧牢固。金属网与各结构的搭接宽度不应小于 100mm。检查安装好的门窗框及预埋件，其位置应正确。对门窗框与墙边缝隙应填实，铝合金门窗框应用泡沫塑料条、泡沫聚氨酯条、矿棉玻璃条或玻璃丝毡条填塞；钢木门窗框应用水泥砂浆填塞；塑料门窗框应用泡沫塑料条、泡沫聚氨酯条或油毡条填塞；彩色镀锌钢板门窗框应用建筑密封膏密封。

（4）施工要点及注意事项。喷涂前必须将需做面层装饰的周围柱、窗、墙面等部位遮挡好，施工缝留在分格缝处。喷涂应一道紧挨一道地进行，不要漏喷、挂流，发现漏喷要及时补喷。开始喷涂不要过猛，发现无涂料时，要及时关闭气门。

2. 滚涂技术

（1）材料及机具。水泥选用普通硅酸盐水泥，强度等级 32.5 级以上，要求同批号、同厂家，并经过复验。滚涂饰面所用材料及配合比，见表4-7。砂用中粗砂，含泥量不得大于3%。颜料用彩耐光耐碱的矿物颜料，其掺入量一般是水泥质量的 1%～5%。108 胶的掺入量一般是水泥质量的 10%～20%。

表4-7　滚涂饰面材料及砂浆配合比（质量比）

种类	白水泥	水泥	砂子	108胶	水	颜料
灰色	100	10	110	22	33	
绿色	100	100	100	20	33	氧化铬绿

常用的滚涂工具有橡胶油印辊子、橡胶辊外包乒乓球拍胶粒面、多孔聚氨酯辊子、外包塑料薄膜的泡沫塑料辊子等，辊子长 15～25cm，如图4-16 所示。

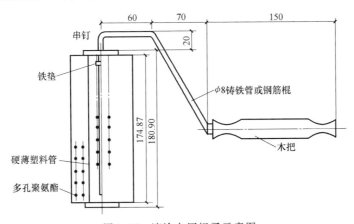

图4-16　滚涂专用辊子示意图

（2）滚涂施工工艺流程，如图4-17 所示。

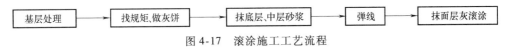

图4-17　滚涂施工工艺流程

滚涂的面层一般为 2～3mm。滚涂前将干燥的基层洒水润湿。滚涂操作时宜两个人合作，一人在前面往墙上抹灰（抹子紧压刮一遍，再用抹子顺平），另一人紧跟涂抹人拿辊子滚拉，不然吸水快时滚拉不出花纹来。辊子运行要轻缓平稳，直上直下，以保持花纹的均匀一致。滚涂成活前的最后一道滚涂应由上往下拉，使滚出的花纹有自然向下的流水坡度。

在施工过程中如出现翻砂现象，应重新抹一层薄砂浆后滚涂，不得事后修补。施工时应按分格线或分段进行，不得任意甩茬留茬。

操作时应按分格缝或工作段滚拉成活，不允许任意甩茬。滚完 24h 后，喷一道防水剂，以增强耐久性能。

（3）施工方法。滚涂的方法分干滚和湿滚两种。

1）干滚。要求上下一个来回，再自上而下走一遍，滚的遍数不宜过多，只要表面花纹均匀即可。它施工工效高，花纹较粗。

2）湿滚法。滚涂时辊子蘸水上墙，注意控制蘸水量，应保持整个滚涂面水量一致，以免造成表面色泽不一致。它花纹较细，但较费工。

（4）滚涂施工质量常见的通病及其防治措施

1）滚涂颜色不匀。原因分析：湿滚法时，辊子蘸水量不一致；聚合物水泥砂浆材料使用不同批号的水泥，不同批号、不同细度的颜料及不同粒径级配的骨料，颜料用量不准确或混合不匀，108胶掺量、加水量不准确等；基层材质不同，混凝土或砂浆龄期不同或干湿程度悬殊；修补的墙面混凝土或砂浆内掺外加剂；常温施工时，温度、湿度不同，阳光直射不同；冬期施工，以及施工后短时间淋水或室内向外渗水。

湿滚法时，辊子蘸水应一致。一幢楼采用的原材料应一次备齐；各色颜料应事先混合均匀备用；配制砂浆时必须严格掌握材料配合比和砂浆稠度，不得随意加水；砂浆拌合后最好在2h内用完。基层的材质应一致，墙面凹凸不平、缺棱掉角处，应在滚涂前填平补齐并养护完毕。室内水泥地面必须事先抹好，以免由室内向外渗水使外墙饰面造成颜色不匀。雨天不得施工。常温施工时应在砂浆中掺入木质素磺酸钙分散剂和甲基硅醇钠疏水剂；冬期施工时，应掺入分散剂和氯化钙抗冻剂。为了提高涂层耐久性，减缓污染变色，可在滚涂层表面喷罩其他涂料，如乙丙乳液厚涂料、JH-802无机建筑涂料、疏水石灰浆等。

2）滚涂饰面花纹不均。基层吸水不同，砂浆稠度不均匀或厚度不同以及拖滚时用力大小不一，都会造成滚纹不匀。采用干滚法施工时，基层局部吸水过快或抹灰时间较长，滚涂后出现"翻砂"现象，颜色也比其他部分深。每一分格块或工作段未一次成活，造成接槎花纹不一致。

基层应平整，湿润均匀，砂浆稠度应保持11.5～12cm，饰面灰层厚薄应一致，辊子运行要轻松平稳，直上直下，避免歪扭蛇行。湿滚法时，滚子蘸水量应一致。干滚法在抹灰后要及时紧跟滚涂，操作时辊子上下往返一次，再向下走一遍，滚涂遍数不宜过多，以免出现"翻砂"现象。操作时应按分格缝或工作段成活，避免接槎。如发现花纹不匀，应及时返修。产生"翻砂"现象时，应再薄抹一层砂浆，重新滚涂，不得事后修补。

3）滚涂饰面明显褪色。采用地板黄、砂绿、颜料绿等不耐碱、不耐光的颜料。

选用耐光、耐碱的矿物颜料，如氧化铁黄、氧化铁红、氧化铬绿、氧化铁黑等。如已明显褪色，可在表面喷罩其他涂料。

4）滚涂饰面易积灰，易污染。局部"翻砂"处或横滚花纹以及表面凹凸不平处易积尘污染。滚涂砂浆稠度小于9cm，喷到墙上很快脱水、粉化，经半年左右就会严重污染。为使颜色均匀，有的采用六偏磷酸钠作为分散剂，但此，这种分散剂极易污染。缩合度大或存放时间长的108胶，不能与水混溶，掺入砂浆中会使砂浆强度下降，吸水率提高，极易造成污水挂流和挂灰积尘污染。

不宜采用横滚花纹，局部"翻砂"处要及时返修。阳台板、雨罩、挑檐、女儿墙压顶等，应尽可能向里泛水，另行导出；窗台、腰线等不能向里泛水的部位，必须做滴水线或铁皮泛水。砂浆稠度必须控制在11.5～12cm。用木质素磺酸钙作为分散剂。在滚涂砂浆中掺入或在饰面外喷罩甲基硅醇钠。在没有甲基硅醇钠地区，可在滚涂后次日用喷雾器均匀喷水养护。严禁使用不易与水混溶、掺入水泥浆中会拉丝、结团的108胶。墙体基层必须平整，突出部分凿磨平，蜂窝麻面处用水泥腻子（掺20%乳胶）刮平。吸水量大的基层应在滚涂前刷108胶水溶液。在液涂层表面喷罩无机建筑涂料，用以防水保色。

3. 弹涂技术

弹涂就是用弹涂机（图4-18）将色浆弹射到外墙面上，形成彩色斑点或自然流畅的线条，最后用有机硅涂料罩面的施工方法。这种涂饰饰面造价低，表面粗犷，具有立体感，施工速度快，且耐久性好，是一种较理想的外墙涂饰新工艺。

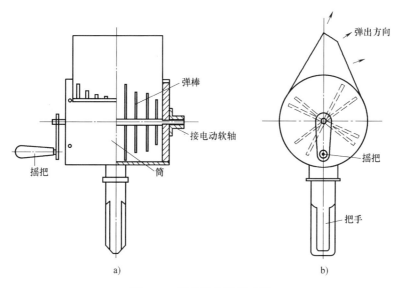

图 4-18　弹涂机构造示意图

a）正视图　b）侧视图

（1）材料及机具。弹涂工艺使用的材料有水泥、矿物颜料、聚乙烯醇缩甲醛胶、聚醋酸乙烯乳胶漆和罩面涂料等，弹涂砂浆配合比见表 4-8。

主要机具有油漆刷、提桶、羊毛辊和手摇或电动弹涂机等。

表 4-8　弹涂饰面所用材料及配合比（质量比）

项　　　目	水　　　泥	颜料	水	108 胶
刷底色浆	普通硅酸盐水泥(不低于 42.5 级)100	适量	90	20
刷底色浆	白水泥 100	适量	80	13
弹花点	普通硅酸盐水泥(不低于 42.5 级)100	适量	55	14
弹花点	白水泥 100	适量	45	10

（2）施工要点及注意事项。应严格控制材料配合比，料浆要随用随配，不宜存放时间过长。底浆色调不要过深，以中间色为宜。要熟练掌握弹涂机的构造、使用方法和弹涂技巧：弹涂机与墙面的距离一般为 30～50cm，弹斗的倾斜角度以 45°为宜。弹斗内色浆的多少，将影响弹点的大小，操作时要用调整表面与弹涂机之间的距离来控制。弹涂时，先弹阴阳角、边口，后向中心发展。

实践技能

实践技能 1　水刷石、干粘石、斩假石和假面砖施工

1. 水刷石施工

（1）基层处理。混凝土墙基层处理包括凿毛处理和清洗处理；砖墙基层抹灰前需将基

层上的尘土、污垢、灰尘、残留砂浆、舌头灰等清除干净。

（2）设置标筋。检查基层表面的平整度和垂直度，在墙面的四角弹线找规矩，用与抹底层灰相同的砂浆做灰饼和冲筋。对于多层建筑物，可用特制的大线坠从顶层往下吊垂直。绷紧铁丝后，按铁丝垂直度在墙的大角、门窗洞口两侧分层抹灰饼，至少保证每步架有一个灰饼。若为高层，则需用经纬仪在大角、门窗洞口两侧打垂直线，并按线分层，每步架找规矩抹灰饼，使横竖方向达到平整、垂直。

（3）抹底层灰、中层灰。在墙体充分湿润的条件下首先抹灰饼冲筋，随即紧跟分层分遍抹底层砂浆。抹底层灰前为增加黏结牢度，先在基层刷一遍掺108胶的水泥浆，108胶的掺量为水泥质量的15%～20%，刷后随抹1:2水泥砂浆。稍收水后将其表面划毛，再找规矩。先做上排灰饼，再吊垂直线和横向拉通线，补做中间和下排的灰饼及冲筋。

（4）粘贴分格条。水刷石分格是避免施工接槎的一种措施，同时便于面层分块分段进行操作。分格处理得好的水刷石饰面能增加立面效果，但要注意横条大小要均匀，竖条对称要一致。分格条厚为8～10mm，宽度为15～25mm。用水泥素浆粘贴，水泥浆不宜超过分格条小面范围，超出的要刮掉。

（5）抹水泥石子浆。浇水湿润，刷一道水泥浆（水胶比为0.37～0.40），随即抹水泥石子浆。水泥石子浆中的石子颗粒应均匀、洁净、色泽一致，水泥石子浆稠度以50～70mm为宜。抹水泥石子浆应一次成活，用铁抹子压紧搓平，但不应压得过死。每一分格内抹石子浆应按自下而上的顺序，随抹随搓平，至石子无突露时止。水泥石子浆抹完后应高出分格条2mm左右。同一平面的罩面要一次完成，不宜留施工缝，若必须留缝也要落在分格条的位置上。抹阳角时，涂抹的一侧不要用八字靠尺，将石子浆抹过转角，然后抹另一侧时用八字靠尺将角靠直找齐。这样做可以避免因两侧都用靠尺而在阳角处出现明显的接槎。

（6）修整。罩面石子浆抹后水分稍干、墙面无水光时，先用铁抹子溜一遍，将小孔洞压实、挤严，分格条石粒要略高1～2mm。然后用软毛刷蘸水刷去表面灰浆，阳角部位要往外刷，并用抹子轻轻拍平石粒，再刷一遍，然后再压。水刷石罩面要分遍拍平压实，石粒应分部均匀、紧密。

（7）喷刷、冲洗。冲刷是确保水刷石质量的重要环节之一，冲洗不净会使水刷石表面颜色发暗或明暗不一。当面层水泥石子浆达六七成干（用手按稍有柔软感）时，就可喷水冲刷。冲洗可分两遍进行：第一遍先用软毛刷刷掉面层水泥浆露出石粒；第二遍用喷雾器从上往下喷水，冲去水泥浆使石粒露出1/3～1/2粒径，达到显露清晰的效果。开始冲洗的时间与气温和水泥品种有关，应根据具体情况去掌握，一般以能刷洗掉水泥浆而又不掉石粒为宜。冲洗应快慢适度。冲洗按照自上而下的顺序。冲洗还应做好排水工作。

（8）起分格条。喷刷面层露出石粒后，就要起出分格条。起分格条时，用木抹子柄敲击木条，用小鸭嘴抹子扎入木条，上下活动，轻轻起动，然后用小溜子找平，用鸡腿刷子刷光理直缝角，并用素灰将分格缝修补平直，使其颜色一致。

（9）滴水槽、滴水线和流水坡度。外窗台、窗楣、雨篷、阳台、压顶、檐口及突出腰线等与一般抹灰一样，应在上面做流水坡度，下面做滴水槽或滴水线。滴水槽的宽度和深度均不小于10mm。

（10）养护。水刷石抹完后第二天起，要经常洒水养护，养护时间不少于7d。在夏季酷热天施工时，应考虑搭设临时遮阳棚，防止阳光直接照射，使水泥早期脱水，影响强度和黏结力。

2. 干粘石施工

（1）基层处理。对基层为砖墙或混凝土板墙的处理方法与上节水刷石基层处理方法相同。现浇和预制的钢筋混凝土基层表面的油污、隔离剂一定要清理干净。

（2）抹底层灰、中层灰。基层处理合格后，抹底层灰。将基层用水湿润，找规矩抹灰饼冲筋后就可以抹底层灰。先用1:3水泥砂浆打底，刮平后，用木抹子压实、找平、搓粗表面。打底灰后第2天洒水湿润，开始抹第二道水泥砂浆中层。刮平、压实、搓粗表面，确保黏结层厚度均匀。若底层达到要求可免做中层。

（3）弹线、粘分格条。干粘石装饰抹灰的分格处理，不仅是为了建筑的美观、艺术，而且也是为了保证干粘石的施工质量以及分段分块操作的方便。应按施工设计图纸要求弹线分格；如果无设计要求时，分格的短边应以不大于1.5m为宜，太长则操作不方便。分格条的宽度应视建筑物高低及大小来定，如作为分格缝处理的，一般不小于20mm，如果只起格条作用时，可适当窄一些。粘分格条可粘布条或木条。粘布条操作简便，分格清晰。粘木条不得超过抹灰厚度，否则会使面层不平整。也可采用玻璃条作分格条，其优点是分格呈线型，无毛边，且不起条，一次成活。镶嵌玻璃条的操作方法与粘木条一样。分格线弹好后，将3mm厚、宽度同面层厚度的玻璃条，用水泥浆粘于底灰上，然后用小鸭嘴抹子抹出60°或近似弧形边座，把玻璃条嵌牢，再用排笔或纱头抹掉上面的灰浆，以免污染。

（4）抹石子黏结层。黏结层多采用聚合物水泥砂浆，配合比为水泥:石灰膏:砂:胶黏剂=1:1:2:0.2，其厚度根据石子粒径用分格条薄厚控制，一般抹石粒黏结层应低于分格条1~2mm。黏结层要抹平，按分格大小一次抹一块，避免在分块内留接槎缝。

（5）甩石碴。黏结层抹好后，待于湿度适宜时即用手甩石碴，一手拿着内装石碴的盛料盘或铁皮簸箕，一手拿木拍往黏结层上甩石碴。木拍和料盘的形式如图4-19和图4-20所示。甩石碴时，先甩四周易干部位，后甩中部。甩射面要大，用力应平稳有劲，使石碴均匀地嵌入黏结层砂浆中。然后再用抹子拍压或油印橡胶辊滚压坚实，一般以石碴嵌入砂浆深度不少于1/2粒径为宜。未黏上墙掉落的石碴用盛料盘或铁皮簸箕接住，边甩边接。使用两种或两种以上颜色的石碴，配合比必须准确，拌和均匀，以保证表面颜色一致。

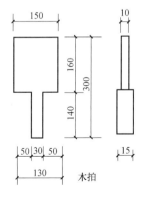

图4-19 木拍组成示意图

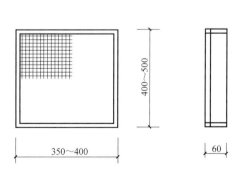

图4-20 甩石子盛料盘组成示意图

（6）拍压石子。在黏结层上均匀黏上一层石子后，用抹子轻压搓平，使石子嵌牢。先压边后压中间，从左至右换着压，至少要压三遍。压头遍时用比一般铁板面积大一倍以上的铁制、木制或硬质塑料板制成的压板进行。压第三遍时则用新的宽铁板进行。时间不应超过45min，即水泥开始凝结前进行操作。坚持这样做，就能保证质量，在横竖方向都不出现铁板印迹。

（7）起条、修整。干粘石墙面达到表面平整、石子饱满时，即用抹子柄轻敲分格条，抹尖扎入轻拔将分格条取出，注意不要掉石粒。如局部石子不饱满，立即使用聚乙烯醇缩甲醛胶水溶液，再甩石子补齐。分格条起出后用小溜子按平，并用素灰浆将分格缝修补好，达到顺直清晰。

（8）养护。干粘石成活后不宜淋水，应待24h后用水喷壶浇水养护。由于南方夏秋季日照强，东外山墙应在上午做干粘石，西外山墙应在下午做干粘石，并要设法遮阳，避免日光直射，使水泥砂浆有凝固的时间，防止在初凝前因日晒发生干裂和空鼓现象。

3. 斩假石施工

（1）基层处理。抹灰打底前应对基层进行处理。对于混凝土基层，目前多采用水泥细砂浆掺界面剂进行"毛化处理"。即先将表面灰浆、尘土、污垢清刷干净，用10%火碱水将板面的油污刷掉，随即用净水将碱液冲净，晾干。然后将1:1水泥细砂浆内掺界面剂，喷或甩到墙上，其甩点要均匀，毛刺长度不宜大于8mm。终凝后浇水养护，直至水泥砂浆毛刺有较高的强度（用手掰不动）。基层为加气混凝土墙体时，应对松动、灰浆不饱满的砌缝及梁、板下的顶头缝，用聚合物水泥砂浆填塞密实。将凸出墙面的灰浆刮净，凸出墙面不平整的部位剔凿；坑洼不平、缺楞掉角及设备管线槽、洞、孔用聚合物水泥砂浆整修密实、平顺。基层为砖墙时，要将墙面残余砂浆清理干净。

（2）吊垂直、套方、找规矩、贴灰饼。根据设计图纸的要求，把设计需要做斩假石的墙面、柱面中心线和四周大角及门窗口角，用线坠吊垂直线，贴灰饼找直。横线则以楼层为水平基线或+50cm标高线交圈控制。每层打底时则以此灰饼作为基准点进行冲筋、套方、找规矩、贴灰饼，以便控制底层灰，做到横平竖直。同时要注意找好凸出檐口、腰线、窗台、雨篷及台阶等饰面的流水坡度。

（3）剁假石分块拼缝。剁假石分块拼缝的形式有凸弧缝、凹弧缝、平凹缝和剁缝四种，其构造如图4-21~4-25所示。缝宽10mm左右，用1:1~1:5水泥砂浆勾缝，在砂浆中可加入适量的颜料，以协调墙面的色调。

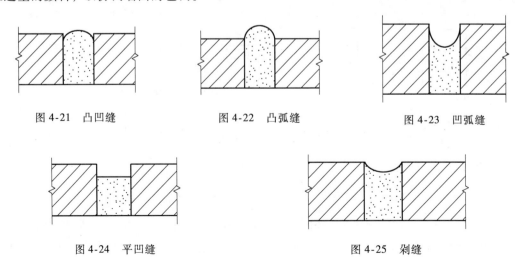

图4-21　凸凹缝　　　　　图4-22　凸弧缝　　　　　图4-23　凹弧缝

图4-24　平凹缝　　　　　　　　　图4-25　剁缝

（4）抹底层灰。抹底层灰前用素水泥浆刷一道，然后马上采用1:2或1:2.5水泥砂浆抹底层，表面划毛。最好是两人配合操作，前面一人刷素水泥浆，另一人紧跟按冲筋分层分遍抹底层灰。抹底层灰时砖墙基层需抹中间层，采用1:2水泥砂浆，表面划毛，24h后浇水养护。台阶的底层灰也要根据踏步的宽和高垫好靠尺分遍抹水泥砂浆。要刮平、搓实、抹平，使每步的宽度和高度一致。

（5）剁石。抹完石屑浆一天后开始浇水养护，使强度达到5MPa。试剁时能剁得动且石屑不掉即可剁石。斩剁前按设计要求的留边宽度进行弹线，作为镜边不剁。斩剁的纹路依设计而定。为保证剁纹垂直和平行，可在分格内划垂直线控制。剁石时，马步而立，双手胸前握紧剁斧，用力均匀一致，顺着一个方向剁，以保证剁纹均匀。剁石的深度以石粒剁掉1/3为宜。斩剁的顺序是先上后下，由左到右。先剁转角和四周边缘，后剁中间墙面。转角和四周宜剁成水平纹理，中间墙剁成垂直纹理。每剁一行随时将分格条取出，并及时用水泥浆将分块内的缝隙和小孔嵌修平整、颜色一致。斩剁完成后，应用扫帚清扫表面，显出剁后本色。

（6）抹水泥石屑浆面层。当分格条有一定强度后，就可以抹面层石屑浆。操作时先满刮一遍素水泥浆黏结层，随即用1:1.25的水泥石屑浆抹面层，其厚度平于分格条。然后用抹子横竖反复压揉几遍，直至赶平压实，边角无空隙。最后用毛刷蘸水把表面的水泥浆刷掉，略显石屑均匀一致。

4. 假面砖施工

（1）基层处理、找规矩以及抹底、中层灰，与假面砖抹灰工程施工要点和技术要求基本相同。

（2）弹线。底、中层灰抹好后弹线分格，根据墙面面积大小或设计要求，两人在墙面弹线放样，一人在下面指挥，发现分格不妥，随即调整。根据墨线位置用素水泥浆嵌黏分格条，用木条子（用水浸湿）把抹面分割为一块块的假饰面，形成一个假石贴面层。

（3）抹罩面层。用1:0.5:1水泥石灰砂浆罩面，抹灰罩面同分格条面平，并用刮尺压实刮平，用木抹子搓平。

（4）扫毛。待面层砂浆稍收水后，用短竹丝扫帚顺着方格的长度将面层扫出条纹，如图4-26和图4-27所示。分格块与块之间条纹方向交叉，一块横，一块竖，相互垂直。

（5）取分格条、清理。待扫好条纹后即可取出分格条，不能等砂浆硬结后再起，以免损坏分格缝边缘，面层干燥后，用竹丝帚扫去浮砂、灰尘，用浅色乳胶漆刷涂两遍，分格块与块之间可刷不同颜色，使仿假石效果更好。

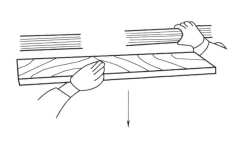

图4-26 横向扫毛示意图

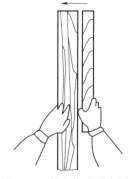

图4-27 竖向扫毛示意图

实践技能 2　拉毛和拉条施工

1. 拉毛施工

（1）基层处理与一般抹灰做法相同。

（2）抹底层灰。底层灰分室内和室外两种，室内一般采用 1:1.6 水泥石灰混合砂浆，室外一般采用 1:2 或 1:3 水泥砂浆。抹灰厚度为 10~13mm，灰浆稠度为 8~11cm，抹后表面用木抹子搓毛，以利于与面层的黏结。

（3）抹面层灰、拉毛。待底层灰六七成干后即可抹面层灰和拉毛，两操作应连续进行，一般一人在前抹面层灰，另一人在后紧跟拉毛。拉毛分拉细毛、中毛、粗毛三种，每一种所采用的面层灰浆配合比、拉毛工具及操作方法都有所不同。一般小拉毛灰采用水泥:石灰膏 = 1:(0.1~0.2) 的灰膏，而大拉毛灰采用水泥:石灰膏 = 1:(0.3~0.5) 的灰膏。为抑制干裂，通常可加入适量的砂子和纸筋。同时应掌握好其稠度，太软易流浆，拉毛变形；太硬又不易拉毛操作，也不易形成均匀一致的毛头。

拉细毛时，采用白麻缠绕的麻刷，正对着墙面抹灰面层一点一拉，靠灰浆的塑性和麻刷与灰膏间的黏附力顺势拉出毛头，如图 4-28 所示。拉中毛时，采用硬棕毛刷，正对墙面放在面层灰浆上，黏着后顺势拉出毛头。拉粗毛时，采用平整的铁抹子，轻按在墙面面层灰浆上，待有吸附感觉时，顺势慢拉起铁抹子，即可拉出毛头，如图 4-29 所示。拉毛灰要注意"轻触慢拉"，用力均匀，快慢一致，切忌用力过猛，提拉过快，致使露出底灰。如发现拉毛大小不均，应及时抹平重拉。为保持拉毛均匀，最好在一个分格内由一人操作。应及时调整花纹、斑点的疏密。

拉毛灰的外观质量标准为：花纹、斑点分布均匀，不显接槎。

图 4-28　拉细毛做法示意图

图 4-29　拉粗毛做法示意图

2. 拉条灰施工

（1）基层处理。清理基层表面砂浆、浮灰及杂物。

（2）挂线。做灰饼冲筋抹底、中层灰。

（3）弹墨线。根据线模长度，在中层上弹竖直墨线，并用素水泥浆粘贴木轨道。轨道浸水后粘贴，用靠尺靠平找直。轨道安装要求平直，间隔一致。

（4）抹面层灰、拉条。待木轨道安装牢固后，润湿墙面，刷一道 1:0.4 的水泥净浆，紧跟着抹面灰并拉条成型。面层灰根据所拉灰条的宽窄、配比有所不同，一般窄条形拉条灰灰浆配比为水泥:细纸筋石灰膏:砂=1:0.5:2；宽条形拉条灰面层灰浆分层采用两种配比，第一层（底层）采用混合砂浆，配比为水泥:纸筋石灰膏:砂=1:0.5:2.5，第二层（面层）采用纸筋水泥石灰膏，配比为水泥:细纸筋石灰膏=1:0.5。其分层抹灰的具体内容见表4-9。操作时用拉条模具靠在木轨道上，从上至下多次上浆拉动成型，如图4-30所示。操作面不论多高都要一次完成。墙面太高时可搭脚手步架，各层站人，逐级传递拉模，做到换人不换模，使灰条上下顺直，表面光滑密实。做完面层后，取下木轨道，然后用细纸筋石灰浆搓压抹平，使其无接槎，光滑通顺。面层完全干燥后，可按设计要求用涂料刷涂面层。拉条灰的外观质量标准为：拉条清晰顺直，深浅一致，表面光滑洁净，上下端头齐平。

表4-9 分层抹灰的做法

分层类型	细条形抹灰	粗条形抹灰	金属网墙面拉条抹灰
第一层	12mm厚1:3水泥砂浆抹底灰	12mm厚1:3水泥砂浆打底	12mm厚1:2.5细纸筋石灰膏砂浆打底
第二层	8~10mm厚1:2:0.5水泥细纸筋灰砂浆抹拉条底灰（即中灰）	8~10mm厚1:2.5:0.5水泥纸筋灰砂浆抹中灰	2~3mm厚1:2.5细纸筋滤浆罩面拉条
第三层	1:2:0.5水泥细纸筋灰砂浆甩面层灰	1:0.5水泥纸筋灰罩面拉条	涂料罩面：刷乳胶漆或106涂料
第四层	涂料罩面：刷乳胶漆或106涂料	涂料罩面：刷乳胶漆或106涂料	涂料罩面：刷乳胶漆或106涂料

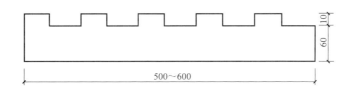

图4-30 拉条抹灰用模具示意图

实践技能3 喷涂和弹涂施工

1. 喷涂施工

（1）基层处理、底层、中层砂浆做法与一般抹灰相同。

（2）粘贴分格条。喷涂前，应按设计要求将门窗和不喷涂的部位采取遮挡措施，以防污染。分格缝宽度如无特殊要求，以20mm左右为宜。分格缝做法有两种：一种在分格缝位置上用108胶粘贴胶布条，待喷涂结束后，撕去胶布条即可；另一种不粘贴胶布条，待喷涂结束后，在分格缝位置压紧靠尺，用铁皮刮子沿着靠尺刮去喷上去的砂浆，露出基层即可。分格缝要求位置准确，横平竖直，宽窄一致，无明显接槎痕迹。

（3）砂浆搅拌。将石灰膏用少量水搅开，加入已拌好过筛的带色水泥和108胶溶液进行搅拌，拌到颜色均匀后再加砂继续搅拌约1min左右，最后加入稀释20倍的六偏磷酸钠溶液和适量的水，搅至颜色均匀，稠度满足要求。斜面喷涂砂浆的稠度以13cm为宜，粒状喷涂砂浆稠度以10cm为宜。

（4）喷涂。喷斗距墙面的远近和与墙面喷角的大小直接影响着喷涂质量的好坏。距离近，涂料成片而造成流坠；距离远，饰面发虚，造成花脸、漏喷。一般经验做法是：喷斗距墙面约50～70cm，可通过调试确定，以墙面均匀出浆为准。喷嘴则应垂直墙面，上、下倾斜都可能出现上述质量缺陷。几种喷涂操作如图4-31所示。

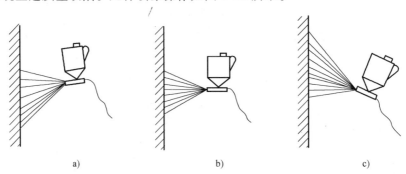

图 4-31　喷涂操作示意图
a）下倾　b）正确　c）上倾

（5）喷罩面。成活24h后喷甲基硅醇钠（有机硅）溶液罩面，喷量以表面均匀湿润为准。

2. 弹涂施工

（1）基层处理。现浇或预制的混凝土墙体表面较平整，可不抹底灰；砖墙、各种砌块墙体表面应抹1:3水泥砂浆或1:1:6的混合砂浆底灰。此外，调配刷底色浆和弹点色浆，应按设计要求的配合比进行。

（2）刷底色浆。底色浆刷在抹灰的底层或中层上，待基层干燥后先洒水湿润，无明水后，即可刷底色浆。色浆用白色或彩色石英砂、普通水泥或白水泥（有条件时，用彩色水泥），其配比一般为水泥:砂:108胶 = 1:(0.15～0.20):0.13，并根据设计要求掺入适量的颜料。色浆一般按自上而下、由左到右的顺序施工，要求刷浆均匀，表面不流淌、不挂坠、不漏刷。

（3）分色弹点。待色浆较干后，将调制好的色浆按色彩分别装入弹涂器内，先弹比例多的色浆，后弹另一种色浆。色浆应按设计要求配制，做出样板后方可大面积弹浆。弹涂时应垂直于墙面，与墙面距离保持一致，使弹点大小均匀，颗粒丰满。弹浆分多遍成活：第一道弹浆应分多次弹匀，并避免重叠；第二道弹浆在第一道弹浆收水后进行，把第一道弹点不匀及露底处覆盖；最后进行局部修弹。弹涂层干燥后，再喷刷一遍防水剂，以提高饰面的耐久性能。

（4）刷罩面漆。第二道弹涂层完成后2～4h，可刷罩面漆。罩面漆可用毛刷均匀刷涂，大面积墙面也可以用喷涂器喷涂。弹涂24h后，再刷喷一遍防水剂。

实例提示

机械喷涂施工技术

机械喷涂的工作原理是利用灰浆泵和空气压缩机将灰浆及压缩空气送入喷枪，在喷嘴前形成灰浆射流，将灰浆喷涂在基层上。机械喷涂抹灰可提高工效，减轻劳动强度和保证工程质量。

机械喷涂抹灰的工艺流程，如图4-32所示。

喷嘴的构造如图4-33所示，其口径一般为16mm、19mm、25mm。喷嘴距墙面距离控制在100～300mm范围内。当喷涂干燥、吸水性强、冲筋较厚的墙面时，喷嘴距墙面为100～150mm左右，并与墙面成90°角，喷枪移动速度应稍慢，压缩空气量宜小些。对潮湿、吸水性差、冲筋较薄的墙面，喷嘴离墙面为150～300mm，并与墙面成65°角，喷枪移动可较快些，空气量宜大些，这样喷射面大，灰层较薄，灰浆不易流淌。喷

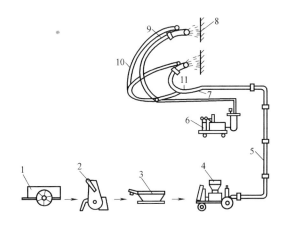

图4-32 机械喷涂抹灰工艺流程图
1—手推车 2—砂冰搅拌机 3—振动筛 4—灰浆输送泵
5—输浆钢管 6—空气压缩机 7—输浆胶管 8—基层
9—喷枪头 10—输送压空气胶管 11—分叉管

射压力可控制在0.15～0.2MPa，压力过大，射出速度快，会使砂子弹回；压力过小，冲击力不足，会影响黏结力，造成砂浆流淌。

喷涂抹灰所用砂浆稠度为90～110mm，其配合比是：石灰砂浆为1:3～1:3.5；水泥石灰混合砂浆为1:1:4。

喷涂必须分层连续进行，喷涂前应先进行运转、疏通和清洗管路，然后压入石灰膏润滑管道，避免堵塞，每次喷涂完毕，亦应将石灰膏输入管道，把残留的砂浆带出，再压送清水冲洗，最后送入气压为0.4MPa的压缩空气吹刷数分钟，以防砂浆在管路中结块，影响下次使用。

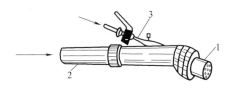

图4-33 喷枪的构造
1—可调换的喷嘴 2—输浆管 3—送气阀

小经验

1. 简述水刷石冬季施工要求。

答：（1）为防止受冻，砂浆内最好不掺白灰膏，可采用同体积粉煤灰代替。比如抹底子灰可改为水泥:粉煤灰:砂子=1:0.5:4，或1:3水泥砂浆；水泥石粒浆可改用水泥:粉煤灰:石粒=1:0.5:3，或改用1:2的水泥石粒浆。

（2）冬期施工时，水泥砂浆应使用热水拌和，并采用保温措施。在涂抹时，砂浆温度不应低于5℃。

（3）抹水泥砂浆时，要采取措施保证水泥砂浆抹好后，在初凝期间不受冻。

（4）采用冻结法砌筑的墙，室外抹灰应待其完全解冻后才能进行。不得用热水冲刷冻结的墙面和消除墙上的冰霜。

（5）进入冬期施工后，按早上 7:30 的大气温度高低调整外抹砂浆的掺盐量。其掺量由试验室决定。

（6）严冬阶段不得施工。

2. 干粘石施工常见的质量问题有哪些？简述产生的原因和防治措施。

答：干粘石的质量通病有空鼓、面层滑坠和棱角不通顺，表面不平整等。

（1）空鼓。产生原因：底层灰与基层（砖墙或混凝土墙）黏结不牢；面层粘石砂浆与底层灰黏结不牢固，形成两层皮，严重时会造成饰面脱落；混凝土基层表面太光滑或残留的隔离剂没有清理干净；混凝土表面有空鼓，硬皮未处理好；在抹灰前浇水不当，浇水过多易流，浇水不足易干，面浇水不均产生干缩不均匀；因脱水快而干缩造成黏结不牢；在严寒季节施工时抹灰层受冻。

防治措施：施工前作好基层表面清理，并在抹灰前作好基层处理工作；墙面凸处剔平，凹处补平，孔洞填实；严格按操作工艺要求进行施工。

（2）面层滑坠。底层砂浆抹得不平整，凹凸相差大于 5mm 以上时，在灰层厚的地方就容易产生滑坠现象；拍打过分，产生翻浆或灰层收缩，形成裂缝而滑坠；雨季施工，底层灰含水饱和又没有晾干，或在施工时浇水过多又未经晾干就抹面层灰，都容易产生滑坠。

防治措施：操作时注意底层砂浆必须抹平，高差不得大于 5mm；发现不平或超出 5mm 的，应分层补平后再做面层；要掌握好浇水的湿度，浇水必须根据季节气候和基层材质的不同，掌握浇水量（如砖墙面吸水多，混凝土墙面吸水少，而加气混凝土墙面多为封闭孔不易浇透等）。

（3）棱角不通顺，表面不平整。在抹灰前对楼房大角或通直线条缺乏整体考虑，特别是墙面全部做干粘石时，没有从上到下统一吊线垂直、找平、找方、做灰饼冲筋，而是在施工时，一步架一找，这样就会造成棱角不直不顺，互不交圈。分格条两侧的水分吸收快，石粒粘不上去，也会造成无石碴毛边，或起分格条时将两侧石粒碰掉，造成棱角不齐。

防治措施：建筑物立面施工时，要统一全面考虑，外墙大角通天柱、角柱等应事先统一吊垂直线；檐口、阳台等要统一找平线、贴灰饼、打底，抹面层灰时均以此作准线；大面分格要统一找出平直线，分格条要平直方正，使用前用水浸透，操作时先抹格子中间部分的面灰，后抹格子四周，抹好后立即粘石，以确保分格条两侧灰层未干时及时粘好石碴，使石碴饱满、均匀，粘结牢固，分格缝清晰美观；阴角粘石施工与阳角一样，应事先吊线找规矩，施工时用大杠找平、找直、找顺；阴角两面分先后施工，严防后抹面层时弄脏另一面，同时不要把阴角碰坏、划坏，保证阴角平直清晰。

3. 简述斩假石常见的质量问题及防治措施。

答：（1）空鼓裂缝。因冬期施工气温低，砂浆受冻，第二年春天化冻后容易产生面层与底层或基层黏结不好而空鼓，严重时有粉化现象。因此在进行室外斩假石施工时应保持正温，不宜冬期施工。

首层地面与台阶基层回填土应分步分层夯填密实，否则容易造成混凝土垫层与基层空鼓和沉陷裂缝。台阶混凝土垫层厚度不应小于 8cm。

基层材料不同时应加钢板网。不同做法的基层地面与台阶应留置沉降缝或分格条，预防产生不均匀的沉降与裂缝。

基层表面偏差较大，基层处理或施工不当，如每层抹灰跟得太紧，又没有洒水养护，各层之间的黏结强度很差，面层或基层就容易产生空鼓裂缝。

基层清理不干净又没做认真的处理，是造成面层与基层空鼓裂缝的主要原因。因此，必须严格按工艺操作，重视基层处理和养护工作。

（2）剁纹不匀。主要是由于没掌握好开剁时间，剁纹不规矩，操作时用力不一致和斧刃不快等造成。应严格控制斩垛时间，大面积施工前要做样板，以样板指导操作和施工。

大面积剁前未试剁、面层强度低所致剁纹不均。在大面积开剁前应进行试剁和剁样板。

（3）剁斧石颜色不均。水泥石屑浆掺用颜料的细度、批号不同；颜料掺用量不准，拌和不均匀；剁完部分又蘸水洗刷；常温施工时，假石饰面受阳光直接照射不同，温湿度不同；都会使饰面颜色不一致。

同一饰面应选用同一品种、同一批号、同一细度的原材料，并一次备齐。拌灰时应将颜料与水泥充分拌匀，然后加入石屑拌和，全部水泥石屑灰用量应一次备好。每次拌和面层水泥石屑浆的加水量应控制准确，墙面湿润均匀，斩剁时蘸水，但剁完部分的尘屑可用钢丝刷顺剁纹刷净，不得蘸水刷洗。雨天不得施工。常温施工时，为使颜色均匀，应在水泥石屑浆中掺入分散剂木质硝酸钙和疏水剂甲基硅醇钠。

4. 简述假面砖常见的质量问题与防治措施。

答：（1）面层颜色不匀、抹面不平。罩面砂浆配比不当，拌和不匀或搅拌时间不够；砂浆垫层干、湿不等；罩面砂浆厚薄不均；抹面没有按操作要求。

防治措施：严格按配比配料，充分搅拌并搅匀；应使垫层干、湿一致，保证砂浆的和易性，罩面砂浆抹涂均匀；要严格按抹灰要求去做。

（2）积灰污染。假面砖表面划纹过多；假面砖面层不平整。

防治措施：减少竖向划纹或只留横向划纹，减少积灰；抹灰要平整；外罩防污染涂料。

（3）划纹深浅不一、横竖纹不直。每步架没有弹三条控制线；没有按弹线沿靠尺板比着划，用力不均。

防治措施：严格要求按每步架为每一工作段上、中、下弹三条控制线；划沟时，接线沿靠尺板划沟，用力要均匀。

5. 拉毛施工时常见的质量问题有哪些，如何防治？

答：（1）外墙拉毛颜色不均匀，花感。原因是水泥强度等级、品种不统一，或不是同一批号的水泥；拉毛厚薄不一；拉毛长短不匀；拉毛灰配合比不准。要求外墙拉毛使用同品种、同标号、同批号、同时进场的水泥；有专人掌握砂浆配合比；拉毛时应有专人操作，使其施工手法一致，拉出的毛长度合适、均匀。

（2）拉毛接槎明显。外墙拉毛设计不要求分格；甩搓时没有规律随意乱甩；搓子处的拉毛层重叠。要求拉毛外墙施工应设分格条，搓子应甩在分格条或水落管后边不显眼的地方，不得随意乱甩搓；搓子处拉毛层应严格控制厚度，防止拉毛层重叠造成接槎明显，颜色加重。

（3）拉出的毛长度不匀，稀疏不均。操作者手法不够熟练，用力大小不均。应加强对操作者的培训和指导。

（4）二次修补接槎明显。墙上的预留孔洞及预留设备孔洞没提前堵好；设计变更造成二次剔凿。应加强检查把关，搞好工种之间的交接检，防止工种之间的不交圈及互相损坏而造成的二次修补。

6. 简述喷涂施工的方法。

答：喷涂的方法有波面喷涂、颗粒喷涂和花点喷涂。

（1）波面喷涂。波面喷涂一般分三遍成活，厚度 3～4mm。第一遍使基层变色；第二遍喷至墙面出浆不流为宜；第三遍喷至全部出浆，表面呈均匀波纹状，不挂坠，并且颜色一致。波面喷涂一般采用稠度为 13～14cm 的砂浆。喷涂时，喷枪应垂直墙面，距离墙面约 50cm，挤压式砂浆泵的工作压力为 0.1～0.15MPa，空气压缩机的工作压力为 0.3～0.5MPa。

（2）颗粒喷涂。粒状喷涂采用喷斗分两遍成活，厚度为 3～4mm。第一遍满喷，要求满布基层表面并有足够的压色力；第二遍喷涂要求第一遍收水后进行，操作时要开足气门，并快速移动喷斗喷布碎点，以表面布满细碎颗粒、颜色均匀不出浆为准。粒状喷涂有喷粗点和喷细点两种情况。在喷粗点时，砂浆稠度要稠，气压要小；喷细点时，砂浆要稀，气压要大。操作时，喷斗应与墙面垂直，距离墙面约 40cm。

（3）花点喷涂。花点喷涂是在波面喷涂的基础上再喷花点，工艺同粒状喷涂第二遍做法。施工前应根据设计要求先做样板，当花点的粗细、疏密和颜色满足要求后，方可大面积施工。施工时，应随时对照样板调整花点，以保证整个装饰面的花点均匀一致。

7. 简述喷涂施工常见的质量问题及预防措施。

答：（1）喷涂饰面起粉、掉色。水泥过期，受潮强度降低，掺胶量不够或基层太干未洒水湿润，刷涂后产生粉化剥落现象；基层油污、尘土、脱膜剂等未清除干净，混凝土或砂浆基层龄期太短，含水率大，或盐类外加剂析出，刷涂后产生脱落现象。

预防措施：不得使用受潮、过期的水泥；掺胶量要准确；基层太干燥时，应预先喷水湿润，或用 1:3 的 108 胶:水的水溶液，进行基层处理；水泥砂浆基层用钢抹刀压光后用水刷子带毛；基层砂浆龄期应在 7d 以上，混凝土龄期在 28d 以上；基层有油污、脱膜剂或盐类外加剂析出时，应预先洗刷清除干净；将粉化、脱落处理干净，重刷聚合物水泥浆。

（2）喷涂饰面颜色不均匀。颜料批号、细度不同，或用铁容器贮存 108 胶或乳液，铁锈使颜色变深，对饰面颜色有影响；配彩色水泥时，颜料掺量不准或混合不匀；配制水泥浆时，108 胶或乳液、甲基硅醇钠掺量或加水量不准确，或水泥浆调成后未过筛，涂刷后造成颜色不匀。

预防措施：单位工程所用的原材料应一次备齐，颜料应事先混合均匀，108 胶或乳液必须用塑料或搪瓷桶贮存；彩色水泥配制时，采用质量比，颜料比例及掺量必须准确，混合均匀；调水泥浆时，108 胶或乳液、甲基硅醇钠的掺量及加水量必须准确；水泥浆调成后必须过筛，并随用随配，存放时间不得超过 4h。

8. 弹涂施工常见的质量问题有哪些？如何预防？

答：（1）弹涂色点出现细长、扁平等异形色点。产生原因：①弹力器距墙面较远，弹力不足，弹出的色点呈弧线形，弹在墙上形成细长、扁平的长条形色点；②浆料中胶量过少，或色浆内加水时，未按配合比加入相应胶液，出现尖形弹点。

预防措施：①操作中控制好弹力器与饰面的距离（一般墙面约 30cm），随料筒内浆料的减少应逐渐缩短距离，并经常检查更换弯曲、过长、弹力不够的弹棒，避免形成长条形色点；②为避免尖形点，严格控制好浆料配合比，并应搅拌均匀后再倒入大料筒；③浆料较稠时，可先将胶与水按比例配成胶水并搅均匀后掺入浆料再搅拌均匀，可避免产生尖形弹点；④少量分散的条形尖，可用毛笔蘸不同色浆，局部点涂分解，若面积较大而且集中时，可全部弹涂不同色点覆盖消除；⑤经常检查更换弹棒；⑥弹涂中发现尖形点时，应立即停止操作，调整浆料配合比，对已形成的尖形点，应铲去重新弹补。

（2）弹涂操作时色浆拉丝。产生原因：色浆中水分较少、胶液过多、浆料较稠，或操作时未搅拌均匀。

预防措施：①浆料配合比要准确，操作中应随用随搅拌，强力器速度快慢要均匀；②出现拉丝现象时，可在浆料中再掺入适量的水和水泥调解，以不出现拉丝现象为准。

（3）弹涂色点分布不均、色点未盖住底层砂浆。产生原因：操作中弹力器移动速度快慢不均或弹棒间隔距离不相等。弹出的色点分布不匀，有的密集，有的松散、露底。

预防措施：①调整弹棒间距，使之相等。操作时弹力器移动不能太快，第一道色点要求点与点之间紧密；②露底面积过大时需要重复弹补，待色点分布与周围一致后弹涂二道色点；露底面积不大时可局部弹补。

（4）弹涂色点流坠。产生原因：①色浆料水灰比不准，弹出的色点不能定位成点状，并沿墙面向下流坠，其长度不一；②弹涂基层面过于潮湿，或基底密实，表面光滑，表层吸水少。

预防措施：①根据基层干湿程度吸水情况，严格控制色浆的水胶比；②面积较大、数量较多的流坠浆点，用不同颜色的色点覆盖分解；③面积较小、数量不多的流坠浆点，用小铲尖将其剔掉后，用不同颜色的色点局部覆盖。

（5）弹涂饰画面出现弹点过大或过小等不均匀现象。产生原因：操作技术不熟练，操作中料筒内浆料过少未及时加料，致使弹出的色点细小；或料筒内一次投料过多，弹力器距墙面太近，个别弹棒胶管套端部过长，产生过大的色点。

预防措施：①弹力器应经常检查，发现弹棒弯曲、过长和弹力不够时应及时更换；掌握好投料时间，使每次投料及时、适量；②根据料筒内浆料多少，控制好弹力器与墙面的距离，使色点均匀一致；③细小色点可用同种颜色色点全部覆盖后，弹二道色点，过多的色点可用不同色点覆盖分解。

特种砂浆抹灰工程施工技术

必备知识点

必备知识点　特种砂浆抹灰施工工艺

对于有些建筑物、构筑物，由于有特殊要求（如防水、保温、耐酸、耐热等），一般砂浆不能满足使用要求，必须采取特种砂浆，从而形成特种砂浆抹灰工艺。如防水砂浆、保温砂浆和耐热砂浆等。

1. 防水砂浆

（1）防水砂浆施工准备

1）材料准备及要求。水泥采用普通硅酸盐、矿渣硅酸盐水泥，强度等级要求32.5级以上，有侵蚀介质作用部位应按设计要求选用；砂采用中砂含，泥量小于3%，使用前过3～5mm孔径的筛子；防水剂掺量按水泥质量的1.5%～5%。

2）施工机具准备。主要有砂浆搅拌机和抹灰常用工具。

3）施工条件。结构验收合格，管道穿墙按设计要求已做好防水处理，并办理隐检手续。地下室防水要做排水、降水措施。

（2）防水砂浆施工工艺流程，如图5-1所示。

基层处理 ⟶ 刷防水素水泥浆 ⟶ 抹底层防水砂浆 ⟶ 刷防水素水泥浆 ⟶

抹面层防水砂浆 ⟶ 刷防水素水泥浆 ⟶ 养护

图 5-1　防水砂浆施工工艺流程图

2. 保温砂浆

（1）保温砂浆施工准备

1）材料准备。材料的验收、存放和运输应符合有关要求，并分类挂牌存放。挤塑板成包平放；聚合物砂浆和专用胶黏剂存放要注意防雨防潮。网格布、固定件也应防雨存放。

2）施工工具。电热丝切割器、电动搅拌器、壁纸刀、电动螺丝刀、剪刀、钢锯条、墨斗、棕刷或辊筒、粗砂纸、塑料搅拌桶、冲击钻、电锤、抹子、压子、阴阳角抿子、托线板、2m靠尺等。

3）劳动力、机械设备及脚手架。根据各工程外保温的工作量及工期要求应合理安排劳动力和机械设备以及上面的施工工具，并检查整理外脚手架达到安全使用要求。

（2）保温砂浆施工工艺流程，如图5-2所示。

基层处理 ⟶ 保温灰浆抹灰 ⟶ 刮杠、搓平

图5-2 保温砂浆施工工艺流程图

3. 耐热砂浆

（1）耐热砂浆准备工作

1）材料准备。水泥用高铝（矾土）水泥强度等级不低于32.5级，并不得含有石灰岩，以免影响砂浆强度和稳定性，防止出现裂缝；耐水泥是将耐火砖、黏土砖碾碎成粉末而得，细度要求过4900孔/cm²的筛子，筛余量不超过15%；细骨料用耐火砖屑，细度同水泥砂浆中砂的颗粒与级配，要求清洁干燥。

2）工具准备。抹子、压子等硬工具和硬毛鬃刷、炊帚、笤帚、草把等软工具。根据面层拉毛的要求，所用的灰浆有：水泥砂浆、水泥石灰砂浆、纸筋石灰砂浆等。采用素水泥浆拉毛的强度高，但易于开裂，因此要掺入适量的砂子。水泥石灰砂浆中石灰膏和纸筋的掺量应根据拉毛的粗细程度确定。

3）耐火砂浆的配制。耐火砂浆的配制原则上由实验确定，其参考配合比应为水泥:耐水泥:细骨料（质量比）=1:0.66:3.3。砂浆配制计量要准确，事先将细骨料浇水湿润，以免吸水过多影响砂浆的和易性，搅拌时要较普通水泥砂浆延长一些时间。

（2）耐热砂浆抹灰施工工艺流程，如图5-3所示。

基层处理 ⟶ 找规矩、做灰饼 ⟶ 抹底层、中层砂浆 ⟶ 罩面拉毛

图5-3 耐热砂浆抹灰施工工艺流程图

实践技能

实践技能1 特种砂浆抹灰施工要点

1. 防水砂浆抹灰施工要点

（1）基层处理。混凝土墙面凡蜂窝及松散处全部剔掉，用水冲刷干净后，用1:3水泥砂浆抹平，表面污渍等用10%的火碱水溶液刷洗，光滑表面应凿毛，并用水湿润。混合砂浆砌筑砖墙要划缝，深度为10～12mm。预埋件周围剔成20～30mm，宽50～60mm深沟槽，用1:2水泥砂浆（干硬性）填实。

（2）刷防水素水泥浆。刷第一道防水素水泥浆时，其配合比是水泥:防水油（质量比）=1:0.03，加适量水拌成粥状。拌和好的素水泥浆摊铺在地面垫层上，再用刷子或扫帚均匀刷扫一遍，应随刷随抹防水砂浆。

（3）抹底层防水砂浆。用1:3的水泥砂浆掺3%～5%的防水粉，或用水泥:砂:防水剂=1:2.5:0.03的防水砂浆拌和均匀，用木抹子搓实、搓平，厚度控制在5mm以内，尽可能封闭毛细孔通道，最后用铁抹子压实、压平养护1d。

（4）刷第二道防水素水泥浆。在上层防水砂浆表面硬化后，再用防水素水泥浆按上述方法再刷一遍，要求涂刷均匀，不得漏刷。

（5）抹面层防水砂浆。待第二道素水泥浆收水发白后，就可抹面层防水砂浆，配合比

同前底层防水砂浆，厚度为5mm左右，用木抹子搓平压实，再用钢皮抹子压光。

（6）刷最后一道防水素水泥浆。待面层防水砂浆初凝后，就可以刷最后一道防水素水泥浆，并压实、压光，使其与面层防水砂浆紧密结合。该道水泥浆的配合比为水泥：防水油＝1:0.01，加适量水。当用防水粉时，其掺入量为水泥质量的3%～5%。防水素水泥浆要随拌随用，时间不得超过45min。

（7）养护。养护必须掌握好水泥砂浆的凝结时间，才能保证防水层不出现裂缝，使水泥砂浆充分水化，增加强度，提高不透水性。浇水养护过早，砂浆表面的胶结层会遭破坏，造成起砂，减弱砂浆的封闭性。

养护时间应在抹水泥砂浆层终凝后，在表面呈灰白时进行。开始时要洒水养护，使水能被砂浆吸收。待砂浆达到一定强度后方可浇水养护。养护时间不少于7d，如采用矿渣水泥，应不少于14d。养护温度不低于15℃。

（8）检查验收。聚合物水泥防水砂浆防水层所用材料应符合产品标准的质量规定；防水砂浆表面应密实、平整，阴阳角处应光滑顺直；防水层表面施工缝留槎位置应正确，接槎应按层次顺序操作，层层搭接紧密；防水层的平均厚度应符合设计要求，最小厚度不得小于设计值的85%。

（9）成品保护。未硬化的防水砂浆应注意保护，不得使其挫伤、损坏，若破损应及时修补；未硬化的防水砂浆不得上人踩踏。

2. 保温砂浆抹灰施工要点

（1）基层处理。基层清理干净后洒水应酌量，也可不洒水，因为膨胀珍珠岩砂浆质轻润滑，有良好的保水性。

（2）保温灰浆抹灰。保温灰浆抹灰如同石灰砂浆抹灰。一般分两层和三层操作，厚度不超过15mm，大致分底、中、面层三层。底层采用1:4、中层也采用1:4、面层采用1:3的石灰膨胀珍珠岩灰浆罩面。抹完底层灰后，隔夜再抹中层，待中层稍干时再用木抹搓平。抹灰时，一道横抹，一道竖抹，相互垂直。抹灰厚度应符合设计要求。

（3）刮杠、搓平。抹灰或刮杠、搓平时，用力不要过大。否则，珍珠岩压实后孔隙变小，导热系数增大，影响保温效果。抹子压光后，有时为了美观，面层灰改为纸筋灰罩面，分两遍完成，要求同一般抹灰。

3. 耐热砂浆抹灰施工操作要点

（1）基层处理。做灰饼，抹底层、中层砂浆与水刷石施工相同。

（2）罩面拉毛。打底用1:0.5:4水泥石灰砂浆，分别完成底层、中层抹灰，每层厚度均为6～7mm左右。当底子灰六七成干时，抹纸筋灰罩面，随即进行拉毛。操作时，两人一组，一人在前面抹灰并保持薄厚一致，一人紧跟在后，用硬毛棕刷往墙面垂直拍拉，要拉得均匀一致。拉毛长度决定于纸筋灰罩面的厚度，一般为4～20mm。

（3）水泥石灰砂浆拉毛。打底同纸筋灰拉毛。当底子灰六七成干时，刮一道素水泥浆，随即用1:0.5:1水泥石灰砂浆抹面拉毛。抹灰厚度视拉毛长度而定。砂子粒径不大于2mm的细砂，在拉毛用的砂浆中可掺些适量的麻刀或纸筋。操作时，两人一组，一人在前面往中层面上抹水泥石灰砂浆，另一人紧跟进行拉毛。拉毛使用白麻缠成的圆形刷子向墙面一点一带，带出毛疙瘩来，要求用力要均匀，动作要一致，使拉毛达到要求。

实践技能2 特种砂浆常见的质量问题与预防措施

（1）防水层表面起砂、起粉。原因分析：水泥强度等级偏低，砂含泥量大、颗粒级配过细，降低了防水层强度；养护时间过短，防水层硬化过程中过早脱水。

防治措施：材料质量应符合设计要求，水泥的品种和强度符合规范规定；防水层压光交活，要在水泥终凝前完成，压光要在三遍以上；加强养护措施，防止防水层早期脱水。

（2）保温隔热层的功能不良。原因分析：使用不合格膨胀珍珠岩，使保温层容重偏高；保温量含水量加大，保温效果下降；保温层厚度不够，铺灰不准确；未经过热工计算，随意套用。

防治措施：保温材料符合质量标准；使用人工拌和，加强含水率测试；控制铺灰厚度，确保保温层厚度；严格设计程序。

（3）耐酸砂浆硬化过快或过慢，砂浆强度不够、性能较差。原因分析：硬化慢，因为氟硅酸钠受潮变质或纯度低有关；硬化快，因氟硅酸钠过量；强度低，性能差，往往因为水玻璃模数低于2.5，氧化硅和硅酸钠含量少，影响强度、抗渗和耐蚀性。

防治措施：严格选用材料，把住质量关；严格施工配合比，不得随意改变；原材料现场低于10℃，采取加温措施；保证足够的养护时间。

（4）重晶石砂浆抹灰时施工面裂缝。防止裂缝应严格按照施工操作要点进行施工。为防止棱角开裂，阴阳角要抹成圆弧形。每遍完成后，适时用喷雾器喷水养护，每天抹灰后也应喷水养护，保证面层湿润。注意保持室内温度和湿度。养护时间应足够。

小经验

防水砂浆抹灰施工时应注意哪些事项？

答：（1）防水砂浆涂抹前，基层混凝土和砂浆强度应不低于设计值的80%。

（2）基层应平整、坚固、洁净，无浮尘杂物，不得有疏松、凹陷处。如果有油污、孔洞等要进行清洗、修补处理。若为地下防水，还要检查有没有渗漏点，如有渗漏点，要事先进行堵漏处理。

（3）施工前，基层面要用水充分润湿，无积水时方可施工。

（4）聚合物水泥防水砂浆搅拌必须用砂浆搅拌机或手提电钻配以搅拌齿进行现场搅拌，不能采用人工拌和。搅拌时间比普通砂浆要延长2~3min，最好先预搅拌2min，静停2min，再二次搅拌2min以便充分搅拌均匀。一次不要搅拌太多，根据抹灰速度进行搅拌，搅拌好的砂浆要在1h内用完。施工中因环境温度、风力等因素影响可适量加水，以标准比例拌制的稠度为准。

（5）管根部、地漏口、结构转角等细部构造处，应进行增强处理。管根部周围在基层宜剔宽深约为1cm的槽，用聚合物水泥防水砂浆嵌入后涂抹聚合物水泥防水砂浆一遍，压入一层网格布，其上再进行聚合物水泥防水砂浆抹灰。

（6）聚合物水泥防水砂浆凝结后，进行自然养护，养护温度不低于5℃。

第6章

抹灰工程施工安全技术措施

必备知识点

必备知识点　安全生产基本知识

1. 安全与安全生产及安全生产管理的基本概念

（1）安全与安全生产的基本概念。安全是指预知人类在生产和生活各个领域存在的固有的或潜在的危险，并且为消除这些危险所采取的各种方法、手段和行动的总称。

安全生产是指在劳动生产过程中，通过努力改善劳动条件，克服不安全因素，防止伤亡事故发生，使劳动生产在保障劳动者安全健康和国家财产及人民生命财产不受损失的前提下顺利进行。它涵盖了三个方面，即：对象、范围和目的。

（2）安全生产管理的基本概念。安全生产管理是管理的重要组成部分，是安全科学的一个分支。所谓安全生产管理，是指经营管理者对安全生产工作进行的策划、组织、指挥、协调、控制和改进的一系列活动，目的是保证在生产经营活动中的人身安全、财产安全，促进生产的发展，保持社会的稳定。安全生产管理的目标是减少和控制危害，减少和控制事故，尽量避免生产过程中由于事故所造成的人身伤害、财产损失、环境污染以及其他损失。安全生产管理包括安全生产法制管理、行政管理、监督检查、工艺技术管理、设备设施管理、作业环境和条件管理等。

安全生产管理的基本对象是企业的员工，涉及企业中的所有人员、设备设施、物料、环境、财务、信息等各个方面。

安全生产管理的目标是，减少和控制危害，减少和控制事故，尽量避免生产过程中由于事故所造成的人身伤害、财产损失、环境污染以及其他损失。

2. 现代安全生产管理原理与原则

安全生产管理作为管理的主要组成部分，遵循管理的普遍规律，既服从管理的基本原理与原则，又有其特殊的原理与原则。

安全生产管理是从生产管理的共性出发，对生产管理中安全工作的实质内容进行科学分析、综合、抽象与概括所得出的安全生产管理规律。

（1）系统原理。系统原理是现代管理学的一个最基本原理。它是指人们在从事管理工作时，运用系统理论、观点和方法，对管理活动进行充分的系统分析，以达到管理的优化目标，即用系统论的观点、理论和方法来认识和处理管理中出现的问题。

安全生产管理系统是生产管理的一个子系统，包括各级安全管理人员、安全防护设备与设施、安全管理规章制度、安全生产损失规范和规程以及安全生产管理信息等。安全贯穿于生产活动的方方面面，安全生产管理是全方位、全天候且涉及全体人员的管理。在安全生产管理中，运用系统原理的原则见表6-1。

（2）人本原理。在管理中必须把人的因素放在首位，体现以人为本的指导思想，这就是人本原理。在安全生产管理中，运用人本原理的原则见表6-2。

（3）预防原理。安全生产管理工作应该做到预防为主，通过有效的管理和技术手段，减少和防止人的不安全行为和物的不安全状态，这就是预防原理。在可能发生人身伤害、设备或设施损坏和环境破坏的场合，事先采取措施，防止事故发生。在安全生产管理中，运用预防原理的原则见表6-3。

（4）强制原理。采取强制管理的手段控制人的意愿和行为，使个人的活动、行为等受到安全生产管理要求的约束，从而实现有效的安全生产管理，这就是强制原理。在安全生产管理中，运用强制原理的原则见表6-4。

表6-1　在安全生产管理中，运用系统原理的原则

序号	运用原则	说　明
1	动态相关性原则	动态相关性原则告诉我们，构成管理系统的各要素是运动和发展的，它们相互联系又相互制约。如果管理系统的各要素都处于静止状态，就不会发生事故
2	整分合原则	高效的现代安全生产管理必须在整体规划下明确分工，在分工基础上有效综合，这就是整分合原则。运用整分合原则，要求企业管理者在制定整体目标和进行宏观决策时，必须将安全生产纳入其中，在考虑资金、人员和体系时，都必须将安全生产作为一项重要内容考虑
3	反馈原则	反馈是控制过程中对控制机构的反作用。成功、高效的管理，离不开灵活、准确、快速的反馈。企业生产的内部条件和外部环境在不断变化，所以必须及时捕获、反馈各种安全生产信息，以便及时采取行动
4	封闭原则	在任何一个管理系统内部，管理手段、管理过程等必须构成一个连续封闭的回路，才能形成有效的管理活动，这就是封闭原则。在企业安全生产中，各管理机构之间、各种管理制度和方法之间，必须具有紧密的联系，形成相互制约的回路

表6-2　在安全生产管理中，运用人本原理的原则

序号	运用原则	说　明
1	动力原则	推动管理活动的基本力量是人，管理必须有能够激发人的工作能力的动力，这就是动力原则。对于管理系统，有三种动力，即:物质动力、精神动力和信息动力
2	能级原则	单位和个人都具有一定的能量，并且可以按照能量的大小顺序排列，形成管理的能级，就像原子中电子的能级一样。在管理系统中，应建立一套合理能级，根据单位和个人能量的大小安排其工作，发挥不同能级的能量，保证结构的稳定性和管理的有效性
3	激励原则	管理中的激励就是利用某种外部诱因的刺激，调动人的积极性和创造性。以科学的手段，激发人的内在潜力，使其充分发挥积极性、主动性和创造性，这就是激励原则。人的工作动力来源于内在动力、外部压力和工作吸引力。因此，要充分发挥人的工作动力，就必须采取激励原则

表6-3　在安全生产管理中，运用预防原理的原则

序号	运用原则	说　明
1	偶然损失原则	事故后果以及后果的严重程度，都是随机的、难以预测的。反复发生的同类事故，并不一定产生完全相同的后果，这就是事故损失的偶然性。偶然损失原则告诉我们，无论事故损失的大小，都必须做好预防工作
2	因果关系原则	事故的发生是许多因素互为因果连续发生的最终结果，只要诱发事故的因素存在，发生事故是必然的，只是时间或迟或早而已，这就是因果关系原则。因果关系原则告诉我们，因为有危险因素的存在，发生事故是必然的。因此，我们必须做好预防工作
3	3E原则	造成人的不安全行为和物的不安全状态的原因可归纳为四个方面：技术原因、教育原因、身体和态度原因以及管理原因。3E原则告诉我们，针对上述四种方面的原因，可以采取三种防止对策，即工程技术(Engineering)对策、教育(Education)对策和法制(Enforcement)对策。这三种对策就是我们经常所说的"3E"原则

表6-4　在安全生产管理中，运用强制原理的原则

序号	运用原则	说　明
1	安全第一原则	安全第一就是要求在进行生产和其他工作时把安全工作放在一切工作的首要位置。当生产和其他工作与安全发生矛盾时，要以安全为主，其他工作要服从于安全，这就是安全第一原则
2	监督原则	监督原则是指在安全工作中，为了使安全生产法律法规得到落实，必须明确安全生产监督职责，对企业生产中的守法和执法情况进行监督

3. 安全生产方针

我国安全生产方针经历了一个从"安全生产"到"安全第一、预防为主"的发展过程，且强调在生产中要做好预防工作，尽可能将事故消灭在萌芽状态。安全生产的具体方针如下：

施工安全生产必须坚持"安全第一、预防为主"的方针。

"安全第一"是原则和目标，是从保护和发展生产力的角度，确立了生产与安全的关系，肯定了安全在建设工程生产活动中的重要地位。

"安全第一"的方针，就是要求所有参与工程建设的人员，包括管理者和从业人员以及对工程建设活动进行监督管理的人员都必须树立安全的观念，不能为了经济的发展而牺牲安全。

当安全与生产发生矛盾时，必须先解决安全问题，在保证安全的前提下从事生产法，也只有这样，才能使生产正常运行，才能充分发挥职工的积极性，提高劳动生产率，促进经济的发展，保持社会的稳定。

"预防为主"的手段和途径，是指在生产活动中，根据生产活动的特点，对不同的生产要素采取相应的管理措施，有效地控制不安全因素的发展和扩大，把可能发生的事故消灭在萌芽状态，以保证生产活动中人的安全与健康。

对于施工活动而言，"预防为主"就是必须预告分析危害点、危险源、危险场地等，预测和评估危害程度，发现和掌握危害出现的规律，制定事故应急预案，采取相应措施，将危险消灭在转化为事故之前。

4. 事故预防与控制的基本原则

事故预防与控制包括事故预防和事故控制。前者是指通过采用技术和管理手段使事故不

发生；后者是通过采取技术和管理手段，使事故发生后不造成严重后果或使后果尽可能减小。对于事故的预防与控制，应从安全技术、安全教育和安全管理等方面入手，采取相应的措施。

安全技术措施着重解决物的不安全状态问题，安全教育措施和安全管理措施主要着眼于人的不安全行为问题。安全教育措施主要是使人知道哪里存在危险源，如何导致事故，事故的可能性和严重程度如何，面对可能的危险应该怎么做；安全管理措施则是要求必须怎么做。

实践技能

实践技能　抹灰工程施工安全技术措施

1. 预防事故的大体措施

（1）脚手架使用前应检查脚手板是否有空隙，探头板、护身栏、挡脚板确认合格，方可使用。吊篮架子升降由架子工负责，非架子工不得擅自拆改或升降。作业过程中遇有脚手架与建筑物之间拉接，未经领导同意，严禁拆除。必要时由架子工负责采取加固措施后，方可拆除。脚手架上的工具、材料要分散放稳，不得超过允许荷载。

（2）采用井字架、龙门架、外用电梯垂直运送材料时，预先检查卸料平台通道的两侧边安全防护是否齐全、牢固，吊盘（笼）内小推车必须加车挡，不得向井内探头张望。

（3）外装饰为多工种立体交叉作业，必须设置可靠的安全防护隔离层。贴面使用的预制件、大理石、瓷砖等，应堆放整齐、平稳，边用边运。安装时要稳拿稳放，待灌浆凝固稳定后，方可拆除临时支撑。余料、边角料严禁随意抛掷。

（4）脚手板不得搭设在门窗、暖气片、洗脸池等非承重的物器上。阳台通廊部位抹灰，外侧必须挂设安全网。严禁踩踏脚手架的护身栏杆和阳台栏板进行操作。

（5）室内抹灰采用高凳上铺脚手板时，宽度不得少于两块（50cm）脚手板，间距不得大于2m，移动高凳时上面不得站人，作业人员最多不得超过2人。高度超过2m时，应由架子工搭设脚手架。室内推小车要稳，拐弯时不得猛拐。

（6）在高大门、窗旁作业时，必须将门窗扇关好，并插上插销。

（7）夜间或阴暗处作业，应用36V以下安全电压照明。

（8）瓷砖墙面作业时，瓷砖碎片不得向窗外抛扔。剔凿瓷砖应戴防护镜。使用电钻、砂轮等手持电动机具，必须装有漏电保护器，作业前应试机检查，作业时应戴绝缘手套。遇有六级以上强风、大雨、大雾，应停止室外高处作业。

2. 冬期施工和雨期施工预防事故的措施

（1）冬期施工预防事故的措施：冬期施工前各类脚手架要加固，要有防滑设施，及时清除积雪；易燃材料必须经常注意清理，保证消防水源的供应，消防道路畅通；严寒季节，施工现场根据需要和规定配设挡风设备；要防止煤气中毒，防止锅炉爆炸。

（2）雨期施工预防事故的措施是：雨期施工应作好防雨、防风、防雷、防电、防汛等工作；基础工程应设排水沟，雨后积水应设置防护栏或警告标志，超过1m深的基槽、井坑应设支撑；机械设备应设置在地势较高的、防雨、防潮的地方，要搭设防雨棚，电线要绝缘良好，要有完善的保护接零装置；脚手架要经常检查，发现问题要及时处理或更换；所有机械棚要搭设牢固，防止倒塌漏雨；高出建筑物的塔吊、电梯、钢脚手架等应设避雷装置。

3. 自我劳动保护安全技术措施

（1）参加施工的工人，要熟知抹灰工的安全技术操作规程。在操作中，应坚守工作岗位，严禁酒后操作。机械操作人员必须身体健康，并经过专业培训合格后，取得上岗证。机械操作工的长发不得外露，在没有防护措施的高空作业，必须系安全带。学员必须在师傅指导下进行操作。

（2）现场的脚手架、防护设备、安全标志和警告牌，不得擅自拆动，需要拆动的须经工地负责人同意后再作处理。施工现场的洞坑、沟、升降口、漏斗等危险处，要有防护设施或明显标志。在没有防护措施的高空作业，必须系安全带。距离地面3m以上作业要有预防护栏、挡板或安全网。安全帽、安全带、安全网要定期检查，不符合要求的严禁使用。

4. 脚手架安全技术措施

（1）抹灰、饰面等用的外脚手架，其宽度不得小于0.8m，立杆间距不得大于2m；大横杆间距不得大于1.8m。脚手板需满铺，离墙面不得大于20cm，不得有空隙和探头板。脚手架拐弯处，脚手板应交叉搭接。垫平脚手板应用木块，并且要钉牢，不得用砖垫。脚手架的外侧，应绑1m高的防护栏杆和钉18cm高的挡脚板或防护立网。在门窗洞口搭设挑架（外伸脚手架），斜杆与墙面一般不大于30°，并应支承在建筑物牢固部位，不得支承在窗台板、窗楣、腰线等处。墙内大横杆两端均必须伸过门窗洞两侧不少于2.5m。挑架所有受力点都要绑双扣，同时要绑防护栏杆。

（2）抹灰和饰面等用的里脚手架，宽度不应小于1.2m，脚手架距上层顶棚底不得小于2m。木凳、金属支架应搭设平稳牢固，脚手板跨度（横杆间距）不应大于2m。在同一脚手板跨度内不应超过1人，架上堆放材料不能过于集中。

（3）顶棚抹灰要搭设满堂脚手架，要铺满脚手板。脚手板距顶棚底应不小于1m，脚手板之间空隙的宽度不应大于5cm。

（4）严禁在门窗、暖气片、洗脸盆等器物上搭设脚手架，不得踩踏脚手架的护身栏杆和在阳台栏板上操作作业。阳台部位抹灰，应在外侧挂设安全网。

（5）如建筑物施工已有砌筑用外脚手架或里脚手架，则进行抹灰、饰面工程施工时就可以利用这些脚手架，待抹灰、饰面工程完成后才拆除脚手架。

（6）支搭、拆除高大架子要制定方案，方案必须经有关主管安全部门审核批准。

（7）外墙抹灰采用高大架子时，施工前架子整体必须经安全部门验收，合格后方可进行施工。

5. 高空作业安全技术措施

（1）从事高空作业的人员要定期体检。经医生诊断，凡患高血压、心脏病、贫血病、癫痫病以及其他不适于高空作业的，不得从事高空作业。

（2）高空作业衣着要轻便，禁止穿硬底鞋和带钉易滑的鞋。

（3）高空作业所用材料要堆放平稳，上下传递物件禁止抛掷，工具应随手放入工具袋内。

（4）遇有恶劣气候，如风力在六级以上，会影响安全施工时，禁止进行露天高空作业。

（5）攀登用的梯子不得缺档，不得垫高使用。梯子横档间距以30cm为宜。使用时上端要扎牢，下端应采取防滑措施。单面梯与地面夹角以 60°～70° 为宜，禁止两人同时在梯上作业。如需接长使用，应绑扎牢固。人字梯底脚要拉牢。在通道处使用梯子，应有人监护或设置围栏。

（6）乘人的外用电梯、吊笼，应有可靠的安全装置。禁止随同运料的吊篮、吊盘等上下。

6. 机械使用安全技术措施

（1）手持式电动工具的使用安全要求：

非金属壳体的电动机、电器，在存放和使用时应避免受压、受潮，并不得和汽油等溶剂接触。刀具应刀磨锋利，完好无损，安装正确、牢固。受潮、变形、裂纹、破碎、磕边、缺口或接触过油类、碱类的砂轮不得使用。受潮的砂轮片，不得自行烘干使用。砂轮与接触盘间软垫应安装稳妥，螺母不得过紧。使用前必须检查：外壳、手柄应无裂缝、破损；保护接地（接零）连接正确，牢固可靠；电缆软线及插头等应完好无损，开关动作应正常，并注意开关的操作方法；在喷射进行中不得中途将管屈折停喷，以防爆管及伤人。

（2）水磨机使用安全要求：

水磨石机使用前，应仔细检查电器、开关和导线的绝缘情况。选用粗细合适的熔断丝，导线最好用绳子悬挂起来，不要随着机械的移动在地面上拖拉。还需对机械部分进行检查：磨石等工作装置必须安装牢固；螺栓、螺帽等联结件必须紧固；传动件应灵活有效而不松弛。磨石最好在夹爪和磨石之间垫以木楔，不要直接硬卡，以免在运转中发生松动。

水磨石机使用时，应对机械进行充分润滑，先进行试运转，待转速达到正常时再放落工作部分。工作中如发现零件松脱或出现不正常音响时，应立即停机进行检查。工作部分不能松落，否则易打坏机械或伤人。

水磨石长时间工作，电动机或传动部分过热时，必须停机冷却。

每班工作结束后，应切断电源，将机械擦拭干净，停放在干燥处，以免电动机或电器受潮。

操作水磨石机，应穿胶鞋和戴绝缘手套。

（3）固定式空气压缩机使用安全要求：

固定式空气压缩机必须安装平稳牢固。空气压缩机作业环境应保持清洁和干燥。贮气罐和输气管每三年应做水压试验一次，试验压力为额定工作压力的 150%。启动空气压缩机必须在无载荷状态下进行，待运转正常后，再逐步进入载荷运转。开启送气阀前，应将输气管道连接好，在出气口前不准有人工作或站立。空气压缩机运转正常后，各项仪表指示值应符合原厂说明书的要求。每工作 2h 需将油水分离器、中间冷却器、后冷却器内的油水排放一次。贮气罐内的油水每班必须排放一至两次。停机时，应先卸去载荷，然后分离主离合器，再停止内燃机或电动机的运转。

实例提示

抹灰工程冬期施工——热作法施工

（1）在进行室内抹灰前，应将门窗口封好，门窗口边缝及脚手眼、孔洞等也应该堵好。施工洞口、运料口及楼梯间等做好封闭保温。在进行室外施工时，应尽量利用外架子搭设暖棚。

（2）施工环境温度不应低于5℃，以地面以上50cm为准。

（3）需要抹灰的砌体，应提前加热，使墙面保持在5℃以上，以便湿润墙面时不致结冰，使砂浆与墙面黏结牢固。

（4）用冻结法砌筑的砌体，应提前加热进行人工开冻，待砌体已经开冻并下沉完毕后，再进行抹灰。

（5）用临时热源进行加热时，应随时检查抹灰层的湿度。当干燥过快发生裂纹时，应进行洒水湿润，使其与各层能很好地黏结，防止脱落。

（6）用热作法施工的室内抹灰工程，应当在每个房间设置通风口或适当开放窗户，进行定时通风，排除湿空气。

（7）用火炉加热时，必须装设烟囱，严防煤气中毒。

（8）抹灰工程所用的砂浆，应在正温度的室内或临时暖棚中制作。

（9）装饰工程完成后，在7d内室（棚）内温度仍不应低于5℃。

小经验

1. 安全生产涵盖了三个方面，即对象、范围和目的，试对三个方面进行分析。

答：安全生产的对象包含人和设备等一切不安全因素，其中人是第一位的。消除危害人身安全健康的一切不良因素，保障职工的安全和健康，使其舒适地工作，称之为人身安全。消除损坏设备、产品和其他财产的一切危险因素，保证生产正常进行，称之为设备安全。

安全生产的范围覆盖了各个行业、各种企业以及生产、生活中的各个环节。

安全生产的目的，则是使生产在保证劳动者安全健康和国家财产及人民生命财产安全的前提下顺利进行，从而实际经济的可持续发展，树立企业文明生产的良好形象。

2. 安全生产管理的主要任务有哪些？

答：（1）贯彻落实国家安全生产法规，落实"安全第一、预防为主"的安全生产、劳动保护方针。

（2）制定安全生产的各种规程、规定和制度，并认真贯彻实施。

（3）制定并落实各级安全生产责任制。

（4）积极采取各项安全生产技术措施，保障职工有一个安全、可靠的作业条件，减少和杜绝各类事故。

（5）采取各种劳动卫生措施，不断改善劳动条件和环境，防止和消除职业病及职业危害，做好女工和未成年工的特殊保护，保障劳动者的身心健康。

（6）定期对企业各级领导、特种作业人员和所有职工进行安全教育，强化安全意识。

（7）及时完成各类事故的调查、处理和上报。

（8）推动安全生产目标管理，推广和应用现代化安全管理技术与方法，深化企业安全管理。

参 考 文 献

[1]　郭丽峰．抹灰工［M］．北京：中国铁道出版社，2012.

[2]　薛俊高．抹灰工［M］．北京：化学工业出版社，2014.

[3]　文典，谢青云［M］．抹灰工．武汉：武汉理工大学出版社，2012.

[4]　曹文达．抹灰工［M］．北京：金盾出版社，2013.

[5]　黄京平．抹灰工［M］．北京：中国农业科学技术出版社，2011.

[6]　刘召军．抹灰工［M］．北京：中国环境出版社，2012.